网络安全工具攻防实战
从新手到高手

网络安全技术联盟　编著

微课
超值版

清華大学出版社

北　京

内容简介

本书在剖析用户进行黑客防御中迫切需要用到或迫切想要用到的技术时，力求对其进行傻瓜式的讲解，使读者对网络防御技术形成系统了解，能够更好地防范黑客的攻击。全书共分为 13 章，包括计算机安全快速入门、常用扫描与嗅探工具、系统漏洞与安全防护工具、远程控制攻防工具、文件加密解密工具、病毒与木马防御工具、U 盘病毒防御工具、网络账号及密码防护工具、进程与注册表管理工具、局域网安全防护工具、数据备份与恢复工具、系统备份与还原工具、无线网络安全防护工具等内容。

另外，本书还赠送海量王牌资源，包括同步教学微视频、精美教学 PPT 课件、教学大纲、108 个黑客工具速查手册、160 个常用黑客命令速查手册、180 页电脑常见故障维修手册、8 大经典密码破解工具电子书、加密与解密技术快速入门电子书、网站入侵与黑客脚本编程电子书、100 款黑客攻防工具包，帮助读者掌握黑客防御方方面面的知识。

本书内容丰富、图文并茂、深入浅出，不仅适用于网络安全从业人员及网络管理员，而且适用于广大网络爱好者，还可作为大、中专院校计算机安全相关专业的参考书。

图书在版编目（CIP）数据

网络安全工具攻防实战从新手到高手：微课超值版 / 网络安全技术联盟编著. —北京：清华大学出版社，2023.8

（从新手到高手）

ISBN 978-7-302-63881-0

Ⅰ.①网… Ⅱ.①网… Ⅲ.①计算机网络—网络安全 Ⅳ.①TP393.08

中国国家版本馆CIP数据核字（2023）第122058号

责任编辑：张　敏
封面设计：郭二鹏
责任校对：徐俊伟
责任印制：杨　艳

出版发行：清华大学出版社
　　　　网　　　　址：http://www.tup.com.cn，http://www.wqbook.com
　　　　地　　　　址：北京清华大学学研大厦A座　　　邮　　编：100084
　　　　社　总　机：010-83470000　　　　　　　　邮　　购：010-62786544
　　　　投稿与读者服务：010-62776969，c-service@tup.tsinghua.edu.cn
　　　　质　量　反　馈：010-62772015，zhiliang@tup.tsinghua.edu.cn
　　　　课件下载：http://www.tup.com.cn，010-83470236
印　装　者：三河市科茂嘉荣印务有限公司
经　　销：全国新华书店
开　　本：185mm×260mm　　印　张：14.5　　字　数：362千字
版　　次：2023年9月第1版　　印　次：2023年9月第1次印刷
定　　价：79.80元

产品编号：087660-01

Preface

前 言

目前，网络安全问题已经日益突出。"工欲善其事，必先利其器。"选择合适的攻防工具，能起到事半功倍的作用。本书除了讲解有线端的攻防策略外，还把目前市场上流行的无线攻防等热点内容收入本书。

本书特色

知识丰富全面：本书涵盖了所有黑客攻防知识点，由浅入深地掌握黑客攻防方面的技能。

图文并茂：注重操作，图文并茂，在介绍案例的过程中，每一个操作均有对应的插图。这种图文结合的方式使读者在学习过程中能够直观、清晰地看到操作的过程以及效果，便于更快地理解和掌握。

案例丰富：把知识点融会于系统的案例实训当中，并且结合经典案例进行讲解和拓展，进而达到"知其然，并知其所以然"的效果。

提示技巧、贴心周到：本书对读者在学习过程中可能会遇到的疑难问题以"提示"的形式进行了说明，以免读者在学习的过程中走弯路。

本书赠送同步教学微视频（扫描正文中二维码获取）、精美教学PPT课件、教学大纲、108个黑客工具速查手册、160个常用黑客命令速查手册、180页电脑常见故障维修手册、8大经典密码破解工具电子书、加密与解密技术快速入门电子书、网站入侵与黑客脚本编程电子书、100款黑客攻防工具包，读者可扫描下方二维码下载获取相关资源。

十大王牌资源

读者对象

本书不仅适合广大网络爱好者，而且适用于网络安全从业人员及网络管理员。

写作团队

本书由长期研究网络安全知识的网络安全技术联盟编著。在编写过程中，虽已尽所能地将最好的讲解呈现给读者，但也难免有疏漏和不妥之处，敬请不吝指正。

编　者

2023.4

Contents

目　录

第1章　计算机安全快速入门

作为计算机或网络终端设备的用户，要想使自己的设备不受或少受黑客的攻击，就需要了解一些黑客常用的入侵技能及学习一些计算机安全方面的知识。本章主要内容包括IP地址、MAC地址、端口及黑客常用DOS命令的应用等。

1.1　IP地址与MAC地址

在互联网中，一台主机只有一个IP地址，因此，黑客要想攻击某台主机，必须找到这台主机的IP地址，然后才能进行入侵攻击。可以说，找到目标主机的IP地址是黑客实施入侵攻击的一个关键。

1.1.1　IP地址

IP地址用于在TCP/IP通信协议中标记每台计算机的地址，通常使用十进制来表示，如192.168.1.100。但在计算机内部，IP地址是一个32位的二进制数值，如11000000 10101000 00000001 00000110（192.168.1.6）。

1. 认识IP地址

一个完整的IP地址由两部分组成，分别是网络号和主机号。网络号表示其所属的网络段编号，主机号则表示该网段中该主机的地址编号。

按照网络规模的大小，IP地址可以分为A、B、C、D、E等5类，其中A、B、C类是3种主要的类型地址，D类用于组播网络，E类用于扩展备用地址。

- A类IP地址。一个A类IP地址由1个字节的网络地址和3个字节的主机地址组成，网络地址的最高位必须是0，地址范围从1.0.0.0～126.0.0.0。
- B类IP地址。一个B类IP地址由2个字节的网络地址和2个字节的主机

地址组成，网络地址的最高位必须是10，地址范围从128.0.0.0～191.255.255.255。
- C类IP地址。一个C类IP地址由3个字节的网络地址和1个字节的主机地址组成，网络地址的最高位必须是110，地址范围从192.0.0.0～223.255.255.255。
- D类IP地址。D类IP地址第一个字节以10开始，是一个专门保留的地址。它并不指向特定的网络，目前这一类地址被用在多点广播（Multicast）中。多点广播地址用来一次寻址一组计算机，它标识共享同一协议的一组计算机。
- E类IP地址。以10开始，为将来使用保留，全0（0.0.0.0）的IP地址对应于当前主机；全"1"的IP地址（255.255.255.255）是当前子网的广播地址。

具体来讲，一个完整的IP地址信息应该包括IP地址、子网掩码、默认网关和DNS等4部分。只有这些部分协同工作，在互联网中计算机才能相互访问。

- 子网掩码：子网掩码是与IP地址结合使用的一种技术。其主要作用有两个：一是用于确定IP地址中的网络号和主机号；二是用于将一个大的IP网络划分为若干小的子网络。
- 默认网关：默认网关意为一台主机如果找不到可用的网关，就把数据

包发送给默认指定的网关，由这个网关来处理数据包。

● DNS：DNS服务用于将用户的域名请求转换为IP地址。

2. 查看IP地址

计算机的IP地址一旦被分配，可以说是固定不变的，因此，查询出计算机的IP地址，在一定程度上就实现了黑客入侵的前提工作。使用ipconfig命令可以获取本地计算机的IP地址和物理地址，具体的操作步骤如下。

Step 01 右击"■"按钮，在弹出的快捷菜单中选择"运行"选项，如图1-1所示。

图 1-1 "运行"选项

Step 02 打开"运行"对话框，在"打开"后面的文本框中输入cmd命令，如图1-2所示。

图 1-2 输入 cmd 命令

Step 03 单击"确定"按钮，打开"命令提示符"窗口，在其中输入ipconfig命令，按Enter键即可显示出本机的IP配置相关信息，如图1-3所示。

💿提示：在"命令提示符"窗口中，192.168.3.9表示本机在局域网中的IP地址。

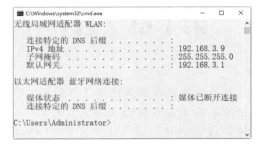

图 1-3 查看 IP 地址

1.1.2 MAC地址

MAC地址是在媒体接入层上使用的地址，也称为物理地址、硬件地址或链路地址，由网络设备制造商在生产时写在硬件内部。MAC地址与网络无关，也就是说无论将带有这个地址的硬件（如网卡、集线器、路由器等）接入网络的何处，MAC地址都是相同的，它由厂商写在网卡的BIOS里。

1. 认识MAC地址

MAC地址通常表示为12个十六进制数，每两个十六进制数之间用冒号隔开，如08:00:20:0A:8C:6D就是一个MAC地址，其中前6位（08:00:20）代表网络硬件制造商的编号，它由IEEE分配；而后3位（0A:8C:6D）代表该制造商所制造的某个网络产品（如网卡）的系列号。每个网络制造商必须确保其制造的每个以太网设备前3个字节都相同，后3个字节不同，这样就可以保证世界上每个以太网设备都具有唯一的MAC地址。

> **知识链接**
>
> IP地址与MAC地址的区别在于：IP地址基于逻辑，比较灵活，不受硬件限制，也容易记忆。MAC地址在一定程度上与硬件一致，基于物理，能够具体标识。这两种地址均有各自的长处，使用时也因条件不同而采用不同的地址。

2. 查看MAC地址

在"命令提示符"窗口中输入ipconfig/all命令，然后按Enter键，可以在显示的结果中看到一个物理地址：00-23-24-DA-43-8B，这就是用户自己的计算机的网卡地址，它是唯一的，如图1-4所示。

图1-4　查看 MAC 地址

1.2　认识端口

端口可以认为是计算机与外界通信交流的出口。一个IP地址的端口可以有65536（256×256）个。端口是通过端口号来标记的，端口号只有整数，范围是0～65535（256×256-1）。

1.2.1　查看系统的开放端口

经常查看系统开放端口的状态变化，可以帮助计算机用户及时提高系统安全，防止黑客通过端口入侵计算机。用户可以使用netstat命令查看自己系统的端口状态，具体的操作步骤如下。

Step 01 打开"命令提示符"窗口，在其中输入netstat -a -n命令，如图1-5所示。

图1-5　输入 netstat -a -n 命令

Step 02 按Enter键，可看到以数字显示的TCP和UDP连接的端口号及其状态，如图1-6所示。

图1-6　TCP 和 UDP 连接的端口号

1.2.2　关闭不必要的端口

默认情况下，计算机系统中有很多没有用或不安全的端口是开启的，这些端口很容易被黑客利用。为保障系统的安全，可以将这些端口关闭。关闭端口的方式有多种，这里介绍通过关闭无用服务来关闭不必要的端口。

以关闭WebClient服务为例，具体的操作步骤如下。

Step 01 右击"■■"按钮，在弹出的快捷菜单中选择"控制面板"选项，如图1-7所示。

图1-7　"控制面板"选项

Step 02 打开"控制面板"窗口，双击"管理工具"图标，如图1-8所示。

图1-8　"控制面板"窗口

Step 03 打开"管理工具"窗口，双击"服务"图标，如图1-9所示。

图1-9 "服务"图标

Step 04 打开"服务"窗口，找到WebClient服务项，如图1-10所示。

图1-10 "服务"窗口

Step 05 双击该服务项，打开"WebClient的属性"对话框，在"启动类型"下拉列表框中选择"禁用"选项，然后单击"确定"按钮禁用该服务项的端口，如图1-11所示。

图1-11 选择"禁用"选项

1.2.3 启动需要开启的端口

开启端口的操作与关闭端口的操作类似，下面具体介绍通过启动服务的方式开启端口的具体操作步骤。

Step 01 这里以上述停止的WebClient服务端口为例。在"WebClient的属性"对话框中单击"启动类型"右侧的下拉按钮，在弹出的下拉菜单中选择"自动"，如图1-12所示。

图1-12 选择"自动"选项

Step 02 单击"应用"按钮，激活"服务状态"下的"启动"按钮，如图1-13所示。

图1-13 选择"启动"按钮

Step 03 单击"启动"按钮，即可启动该项服务，再次单击"应用"按钮，在"WebClient的属性"对话框中可以看到该服务的"服务状态"已经变为"正在运行"，如图1-14所示。

图1-14　启动服务项

Step 04 单击"确定"按钮，返回"服务"窗口，此时即可发现WebClient服务的"状态"变为"正在运行"，这样就成功开启了WebClient服务对应的端口，如图1-15所示。

图1-15　WebClient服务的状态为"正在运行"

1.3　黑客常用的DOS命令

熟练掌握一些DOS命令是一名计算机用户的基本功，本节就来介绍黑客常用的一些DOS命令。了解这些命令可以帮助计算机用户追踪黑客的踪迹，从而提高个人计算机的安全性。

1.3.1　cd命令

cd（Change Directory）命令的作用是改变当前目录，该命令用于切换路径目录。cd命令主要有以下3种使用方法。

（1）cd path：path是路径，例如输入cd c:\命令后按Enter键或输入cd Windows命令即可分别切换到C:\和C:\Windows目录下。

（2）cd..：cd后面的两个"."表示返回上一级目录，例如当前的目录为C:\Windows，如果输入cd..命令，按Enter键即可返回上一级目录，即C:\。

（3）cd\：表示当前无论在哪个子目录下，通过该命令可立即返回根目录下。

下面介绍使用cd命令进入C:\Windows\system32子目录，并退回根目录的具体操作步骤。

Step 01 在"命令提示符"窗口中输入cd c:\命令，按Enter键即可将目录切换为C:\，如图1-16所示。

图1-16　目录切换到C

Step 02 如果想进入C:\Windows\system32目录中，则需在上面的"命令提示符"窗口中输入cd Windows\system32命令，按Enter键即可将目录切换为C:\Windows\system32，如图1-17所示。

图1-17　切换到C盘子目录

Step 03 如果想返回上一级目录，可以在"命令提示符"窗口中输入cd..命令，按Enter键即可，如图1-18所示。

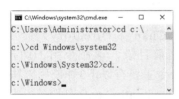

图1-18　返回上一级目录

Step 04 如果想返回根目录，可以在"命令提示符"窗口中输入cd\命令，按Enter键即可，如图1-19所示。

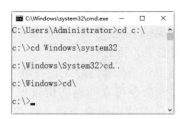

图1-19　返回根目录

1.3.2 dir命令

dir命令的作用是列出磁盘上所有的或指定的文件目录，可以显示的内容包含卷标、文件名、文件大小、文件建立日期和时间、目录名、磁盘剩余空间等。dir命令的格式如下。

```
dir [盘符][路径][文件名][/P][/W][/A:
属性]
```

其中各个参数的作用如下。

（1）/P：当显示的信息超过一屏时暂停显示，直至按任意键才继续显示。

（2）/W：以横向排列的形式显示文件名和目录名，每行5个（不显示文件大小、建立日期和时间）。

（3）/A:属性：仅显示指定属性的文件，无此参数时，dir显示除系统和隐含文件外的所有文件。可指定为以下几种形式。

① /a:s，显示系统文件的信息。

② /a:h，显示隐含文件的信息。

③ /a:r，显示只读文件的信息。

④ /a:a，显示归档文件的信息。

⑤ /a:d，显示目录信息。

使用dir命令查看磁盘中的资源，具体的操作步骤如下。

Step 01 在"命令提示符"窗口中输入dir命令，按Enter键即可查看当前目录下的文件列表，如图1-20所示。

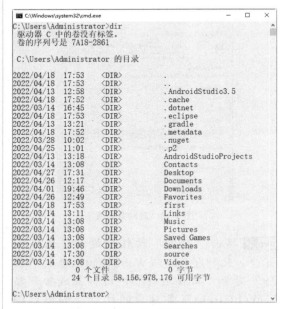

图1-20　Administrator 目录下的文件列表

Step 02 在"命令提示符"窗口中输入dir d:/ a:d命令，按Enter键即可查看D盘下的所有文件的目录，如图1-21所示。

图1-21　D 盘下的文件列表

Step 03 在"命令提示符"窗口中输入dir c:\ windows /a:h命令，按Enter键即可列出c:\ windows目录下的隐藏文件，如图1-22所示。

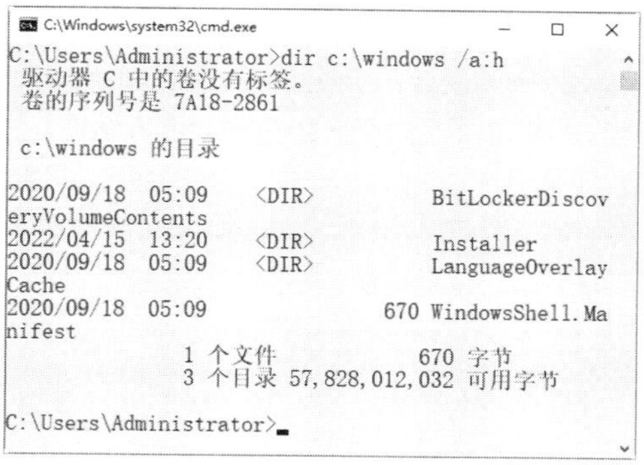

图 1-22　C盘下的隐藏文件

1.3.3　ping命令

ping命令是TCP/IP中最为常用的命令之一，主要用来检查网络是否通畅或者网络连接的速度。对于一名计算机用户来说，ping命令是第一个必须掌握的DOS命令。在"命令提示符"窗口中输入ping /?，可以得到这条命令的帮助信息，如图1-23所示。

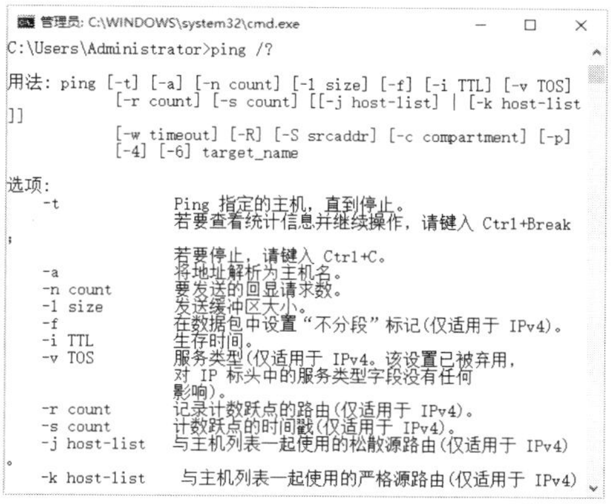

图 1-23　ping 命令帮助信息

使用ping命令对计算机的连接状态进行测试的具体操作步骤如下。

Step 01 使用ping命令来判断计算机的操作系统类型。在"命令提示符"窗口中输入ping 192.168.3.9命令，运行结果如图1-24所示。

Step 02 在"命令提示符"窗口中输入ping 192.168.3.9 -t -l 128命令，可以不断向某台主机发出大量的数据包，如图1-25所示。

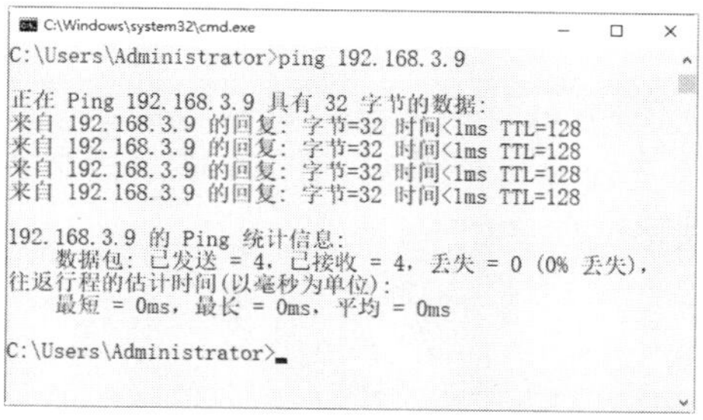

图 1-24　判断计算机的操作系统类型

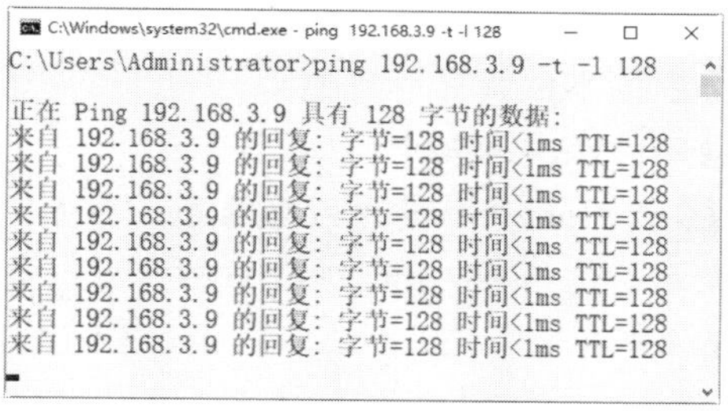

图 1-25　发出大量数据包

Step 03 判断本台计算机是否与外界网络连通。在"命令提示符"窗口中输入ping www.baidu.com命令，其运行结果如图1-26所示，图中说明本台计算机与外界网络连通。

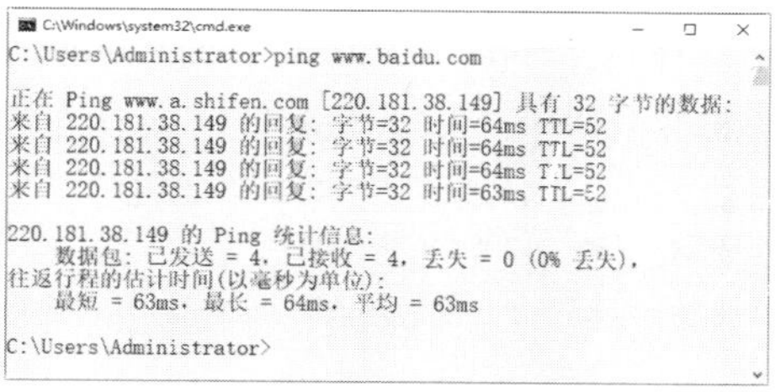

图 1-26　网络连通信息

Step 04 解析某IP地址的计算机名。在"命令提示符"窗口中输入ping -a 192.168.3.9命令，其运行结果如图1-27所示，可知这台主机的名称为SD-20220314SOIE。

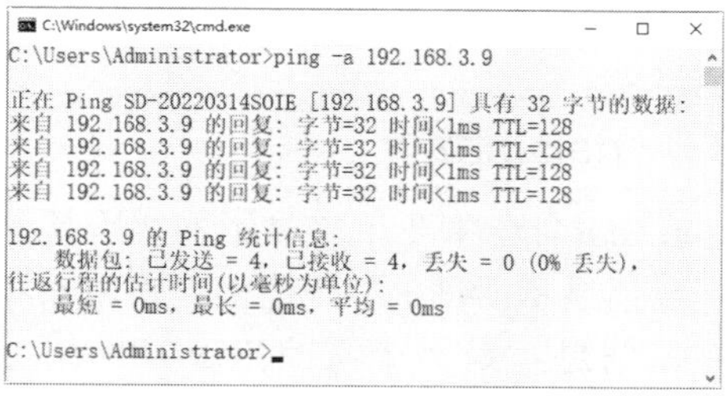

图 1-27　解析某 IP 地址的计算机名

1.3.4 net命令

使用net命令可以查询网络状态、共享资源及计算机所开启的服务等，该命令的语法格式信息如下。

```
NET [ ACCOUNTS | COMPUTER | CONFIG
| CONTINUE | FILE | GROUP | HELP |
HELPMSG | LOCALGROUP | NAME | PAUSE |
PRINT | SEND | SESSION | SHARE | START
STATISTICS | STOP | TIME | USE | USER |
VIEW ]
```

查询本台计算机开启哪些Windows服务的具体操作步骤如下：

Step 01 使用net命令查看网络状态。打开"命令提示符"窗口，输入net start命令，如图1-28所示。

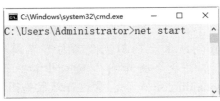

图1-28　输入net start命令

Step 02 按Enter键，在打开的"命令提示符"窗口中可以显示计算机所启动的Windows服务，如图1-29所示。

图1-29　计算机所启动的Windows服务

1.3.5 netstat命令

netstat命令主要用来显示网络连接的信息，包括显示活动的TCP连接、路由器和网络接口信息，是一个监控TCP/IP网络非常有用的工具，可以让用户得知系统中目前都有哪些网络连接正常。

在"命令提示符"窗口中输入netstat/?命令，可以得到这条命令的帮助信息，如图1-30所示。

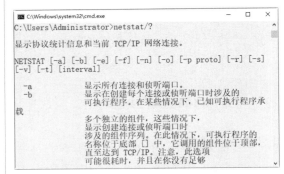

图1-30　netstat命令帮助信息

该命令的语法格式信息如下：

```
NETSTAT [-a] [-b] [-e] [-n] [-o] [-p
proto] [-r] [-s] [-v] [-t] [interval]
```

其中比较重要的参数的含义如下。

● -a：显示所有连接和监听端口。

● -n：以数字形式显示地址和端口号。

使用netstat命令查看网络连接的具体操作步骤如下。

Step 01 打开"命令提示符"窗口，在其中输入netstat -n或netstat命令，按Enter键即可查看服务器活动的TCP/IP连接，如图1-31所示。

图1-31　服务器活动的TCP/IP连接

Step 02 在"命令提示符"窗口中输入netstat -r命令，按Enter键即可查看本机的路由信息，如图1-32所示。

Step 03 在"命令提示符"窗口中输入netstat -a命令，按Enter键即可查看本机所有活动的TCP连接，如图1-33所示。

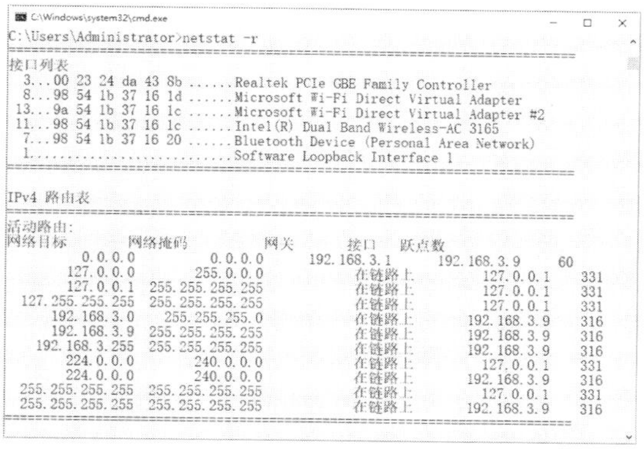

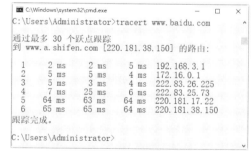

```
C:\Windows\system32\cmd.exe
C:\Users\Administrator>netstat -r
===========================================================================
接口列表
  3...00 23 24 da 43 8b ......Realtek PCIe GBE Family Controller
  8...98 54 1b 37 16 1d ......Microsoft Wi-Fi Direct Virtual Adapter
 13...9a 54 1b 37 16 1c ......Microsoft Wi-Fi Direct Virtual Adapter #2
 11...98 54 1b 37 16 1c ......Intel(R) Dual Band Wireless-AC 3165
  7...98 54 1b 37 16 20 ......Bluetooth Device (Personal Area Network)
  1...........................Software Loopback Interface 1
===========================================================================

IPv4 路由表
===========================================================================
活动路由:
网络目标        网络掩码          网关       接口   跃点数
          0.0.0.0          0.0.0.0      192.168.3.1      192.168.3.9     60
        127.0.0.0        255.0.0.0            在链路上         127.0.0.1    331
        127.0.0.1  255.255.255.255            在链路上         127.0.0.1    331
  127.255.255.255  255.255.255.255            在链路上         127.0.0.1    331
      192.168.3.0    255.255.255.0            在链路上       192.168.3.9    316
      192.168.3.9  255.255.255.255            在链路上       192.168.3.9    316
    192.168.3.255  255.255.255.255            在链路上       192.168.3.9    316
        224.0.0.0        240.0.0.0            在链路上         127.0.0.1    331
        224.0.0.0        240.0.0.0            在链路上       192.168.3.9    316
  255.255.255.255  255.255.255.255            在链路上         127.0.0.1    331
  255.255.255.255  255.255.255.255            在链路上       192.168.3.9    316
===========================================================================
```

图 1-32　查看本机的路由信息

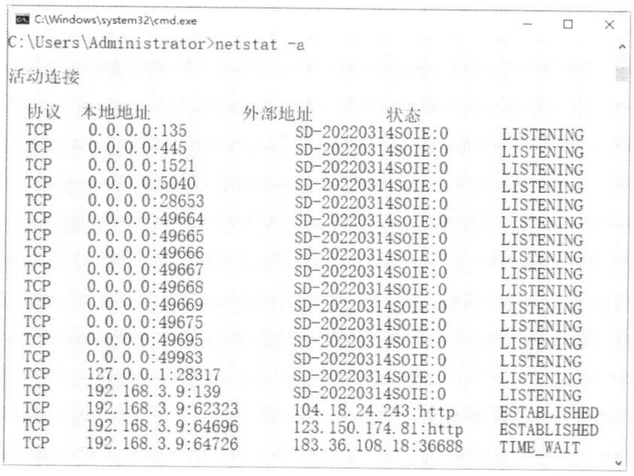

```
C:\Windows\system32\cmd.exe
C:\Users\Administrator>netstat -a

活动连接

  协议  本地地址          外部地址        状态
  TCP    0.0.0.0:135            SD-20220314SOIE:0      LISTENING
  TCP    0.0.0.0:445            SD-20220314SOIE:0      LISTENING
  TCP    0.0.0.0:1521           SD-20220314SOIE:0      LISTENING
  TCP    0.0.0.0:5040           SD-20220314SOIE:0      LISTENING
  TCP    0.0.0.0:28653          SD-20220314SOIE:0      LISTENING
  TCP    0.0.0.0:49664          SD-20220314SOIE:0      LISTENING
  TCP    0.0.0.0:49665          SD-20220314SOIE:0      LISTENING
  TCP    0.0.0.0:49666          SD-20220314SOIE:0      LISTENING
  TCP    0.0.0.0:49667          SD-20220314SOIE:0      LISTENING
  TCP    0.0.0.0:49668          SD-20220314SOIE:0      LISTENING
  TCP    0.0.0.0:49669          SD-20220314SOIE:0      LISTENING
  TCP    0.0.0.0:49675          SD-20220314SOIE:0      LISTENING
  TCP    0.0.0.0:49695          SD-20220314SOIE:0      LISTENING
  TCP    0.0.0.0:49983          SD-20220314SOIE:0      LISTENING
  TCP    127.0.0.1:28317        SD-20220314SOIE:0      LISTENING
  TCP    192.168.3.9:139        SD-20220314SOIE:0      LISTENING
  TCP    192.168.3.9:62323      104.18.24.243:http     ESTABLISHED
  TCP    192.168.3.9:64696      123.150.174.81:http    ESTABLISHED
  TCP    192.168.3.9:64726      183.36.108.18:36688    TIME_WAIT
```

图 1-33　查看本机活动的 TCP 连接

Step 04 在“命令提示符”窗口中输入netstat -n -a命令，按Enter键即可显示本机所有连接的端口及其状态，如图1-34所示。

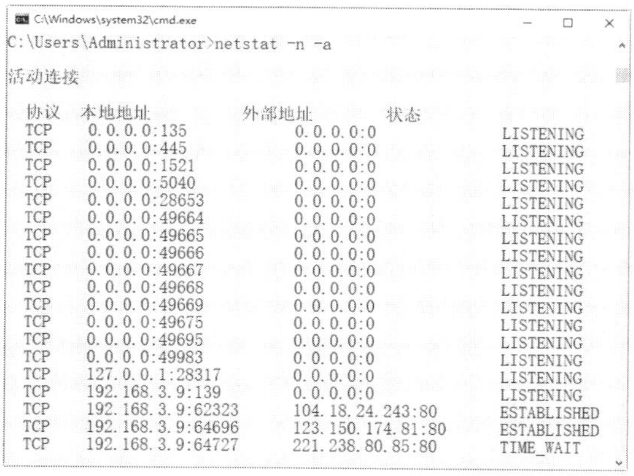

```
C:\Windows\system32\cmd.exe
C:\Users\Administrator>netstat -n -a

活动连接

  协议  本地地址          外部地址        状态
  TCP    0.0.0.0:135            0.0.0.0:0              LISTENING
  TCP    0.0.0.0:445            0.0.0.0:0              LISTENING
  TCP    0.0.0.0:1521           0.0.0.0:0              LISTENING
  TCP    0.0.0.0:5040           0.0.0.0:0              LISTENING
  TCP    0.0.0.0:28653          0.0.0.0:0              LISTENING
  TCP    0.0.0.0:49664          0.0.0.0:0              LISTENING
  TCP    0.0.0.0:49665          0.0.0.0:0              LISTENING
  TCP    0.0.0.0:49666          0.0.0.0:0              LISTENING
  TCP    0.0.0.0:49667          0.0.0.0:0              LISTENING
  TCP    0.0.0.0:49668          0.0.0.0:0              LISTENING
  TCP    0.0.0.0:49669          0.0.0.0:0              LISTENING
  TCP    0.0.0.0:49675          0.0.0.0:0              LISTENING
  TCP    0.0.0.0:49695          0.0.0.0:0              LISTENING
  TCP    0.0.0.0:49983          0.0.0.0:0              LISTENING
  TCP    127.0.0.1:28317        0.0.0.0:0              LISTENING
  TCP    192.168.3.9:139        0.0.0.0:0              LISTENING
  TCP    192.168.3.9:62323      104.18.24.243:80       ESTABLISHED
  TCP    192.168.3.9:64696      123.150.174.81:80      ESTABLISHED
  TCP    192.168.3.9:64727      221.238.80.85:80       TIME_WAIT
```

图 1-34　查看本机所有连接的端口及其状态

1.3.6　tracert命令

使用tracert命令可以查看网络中路由节点信息，最常见的使用方法是在tracert命令后追加一个参数，表示检测和查看连接当前主机经历了哪些路由节点，适合用于大型网络的测试，该命令的语法格式信息如下。

```
    tracert [-d] [-h MaximumHops] [-j Hostlist] [-w Timeout] [TargetName]
```

其中各个参数的含义如下。

- -d：防止解析目标主机的名字，可以加速显示tracert命令结果。
- -h MaximumHops：指定搜索到目标地址的最大跳跃数，默认为30个跳跃点。
- -j Hostlist：按照主机列表中的地址释放源路由。
- -w Timeout：指定超时时间间隔，默认单位为毫秒。
- TargetName：指定目标计算机。

例如：如果想查看www.baidu.com的路由与局域网络连接情况，则在“命令提示符”窗口中输入tracert www.baidu.com命令，按Enter键，其显示结果如图1-35所示。

```
C:\Windows\system32\cmd.exe
C:\Users\Administrator>tracert www.baidu.com

通过最多 30 个跃点跟踪
到 www.a.shifen.com [220.181.38.150] 的路由:

  1     2 ms     2 ms     5 ms  192.168.3.1
  2     5 ms     5 ms     4 ms  172.16.0.1
  3     5 ms     3 ms     4 ms  222.83.26.225
  4     7 ms    25 ms     6 ms  222.83.25.73
  5    64 ms    63 ms    64 ms  220.181.17.22
  6    65 ms    65 ms    64 ms  220.181.38.150
跟踪完成。

C:\Users\Administrator>
```

图 1-35　查看网络中路由节点信息

1.3.7　Tasklist命令

Tasklist命令用来显示运行在本地或远程计算机上的所有进程，带有多个执行参数。Tasklist命令的格式如下。

```
    Tasklist [/S system [/U username [/P [password]]]] [/M [module] | /SVC | /V] [/FI filter] [/FO format] [/NH]
```

其中各个参数的作用如下：

- /S system：指定连接到的远程系统。
- /P [password]：为指定的用户指定密码。
- /M [module]：列出调用指定的DLL模块的所有进程。如果没有指定模块名，显示每个进程加载的所有模块。
- /SVC：显示每个进程中的服务。
- /V：显示详细信息。
- /FI filter：显示一系列符合筛选器指定的进程。
- /FO format：指定输出格式，有效值为TABLE、LIST、CSV。
- /NH：指定输出中不显示栏目标题。只对TABLE和CSV格式有效。

利用Tasklist命令可以查看本机中的进程，还查看每个进程提供的服务。下面将介绍使用Tasklist命令的具体操作步骤。

Step 01 在“命令提示符”窗口中输入Tasklist命令，按Enter键即可显示本机的所有进程，如图1-36所示。在显示结果中可以看到映像名称、PID、会话名、会话#和内存使用5部分。

```
C:\Windows\system32\cmd.exe
C:\Users\Administrator>Tasklist

映像名称                       PID 会话名              会话#       内存使用
========================= ======== ================ =========== ============
System Idle Process              0 Services                   0          8 K
System                           4 Services                   0         20 K
Registry                        96 Services                   0     33,272 K
smss.exe                       368 Services                   0        436 K
csrss.exe                      564 Services                   0      1,348 K
wininit.exe                    652 Services                   0      2,672 K
services.exe                   724 Services                   0      5,568 K
lsass.exe                      744 Services                   0     10,492 K
svchost.exe                    852 Services                   0      1,224 K
fontdrvhost.exe                872 Services                   0         64 K
svchost.exe                    904 Services                   0     30,584 K
svchost.exe                   1012 Services                   0     10,848 K
svchost.exe                    500 Services                   0      5,424 K
svchost.exe                   1040 Services                   0      4,972 K
```

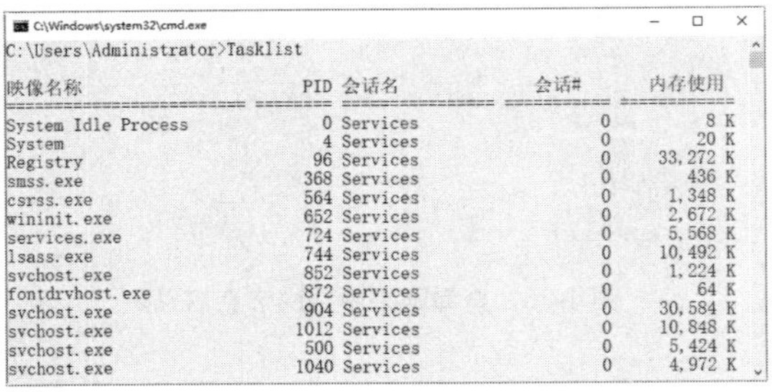

图 1-36　查看本机进程

Step 02 Tasklist命令不但可以查看系统进程，而且还可以查看每个进程提供的服务。例如查看本机进程svchost.exe提供的服务，在“命令提示符”窗口中输入Tasklist /svc命令即可，如图1-37所示。

```
C:\Windows\system32\cmd.exe
C:\Users\Administrator>Tasklist /svc

映像名称                       PID 服务
========================= ======== ============================================
System Idle Process              0 暂缺
System                           4 暂缺
Registry                        96 暂缺
smss.exe                       368 暂缺
csrss.exe                      564 暂缺
wininit.exe                    652 暂缺
services.exe                   724 暂缺
lsass.exe                      744 KeyIso, SamSs, VaultSvc
svchost.exe                    852 PlugPlay
fontdrvhost.exe                872 暂缺
svchost.exe                    904 BrokerInfrastructure, DcomLaunch, Power,
                                   SystemEventsBroker
svchost.exe                   1012 RpcEptMapper, RpcSs
svchost.exe                    500 LSM
```

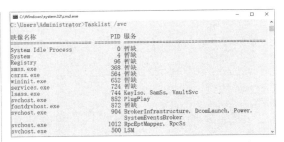

图 1-37　查看本机进程 svchost.exe 提供的服务

Step 03 要查看本地系统中哪些进程调用了shell32.dll模块文件，只需在“命令提示符”窗口中输入Tasklist /m shell32.dll命令，即可显示这些进程的列表，如图1-38所示。

```
C:\Windows\system32\cmd.exe
C:\Users\Administrator>Tasklist /m shell32.dll

映像名称                       PID 模块
========================= ======== ============================================
igfxEM.exe                    7132 SHELL32.dll
explorer.exe                  1060 SHELL32.dll
svchost.exe                   6524 SHELL32.dll
RuntimeBroker.exe             6840 SHELL32.dll
SearchUI.exe                  4788 shell32.dll
RuntimeBroker.exe             9208 shell32.dll
RuntimeBroker.exe            11604 SHELL32.dll
ApplicationFrameHost.exe      7116 SHELL32.dll
MicrosoftEdge.exe            11644 shell32.dll
MicrosoftEdgeCP.exe          10732 shell32.dll
conhost.exe                  11432 shell32.dll
TsHelper64.exe                7576 SHELL32.dll

C:\Users\Administrator>
```

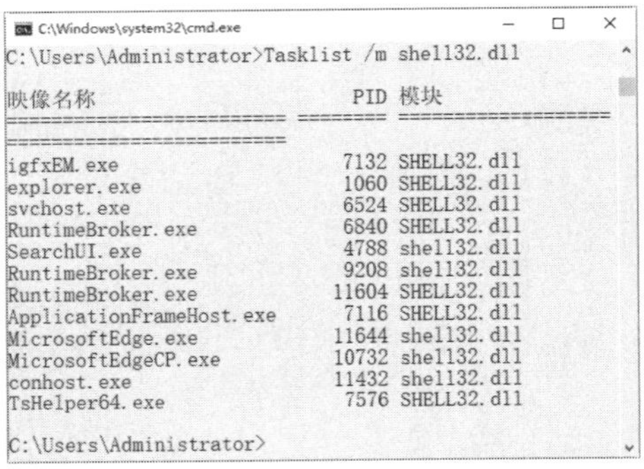

图 1-38　显示调用 shell32.dll 模块的进程

Step 04 使用筛选器可以查找指定的进程，在“命令提示符”窗口中输入TASKLIST/FI "USERNAME ne NT AUTHORITY\SYSTEM"/FI "STATUS eq running命令，按Enter键即可列出系统中正在运行的非SYSTEM状态的所有进程，如图1-39所示。其中/FI为筛选器参数，ne和eq为关系运算符“不相等”和“相等”。

```
C:\Windows\system32\cmd.exe
C:\Users\Administrator>TASKLIST /FI "USERNAME ne NT AUTHORITY\SYSTEM" /FI "STATUS
 eq running

映像名称                       PID 会话名              会话#       内存使用
========================= ======== ================ =========== ============
csrss.exe                    11516 Console                   13      5,528 K
dwm.exe                       8600 Console                   13     60,172 K
sihost.exe                   11036 Console                   13     20,564 K
svchost.exe                   7928 Console                   13     20,968 K
taskhostw.exe                 7104 Console                   13     16,776 K
igfxEM.exe                    7132 Console                   13     10,240 K
explorer.exe                  1060 Console                   13    111,320 K
svchost.exe                   6524 Console                   13     21,188 K
StartMenuExperienceHost.e     7596 Console                   13     50,472 K
ctfmon.exe                    2452 Console                   13     22,524 K
SearchUI.exe                  4788 Console                   13     72,104 K
ChsIME.exe                    3196 Console                   13     27,164 K
RuntimeBroker.exe             9208 Console                   13     19,312 K
WindowsInternal.Composabl     6768 Console                   13     37,236 K
QQBrowser.exe                 6288 Console                   13     16,500 K
QQPCTray.exe                  2080 Console                   13     83,424 K
```

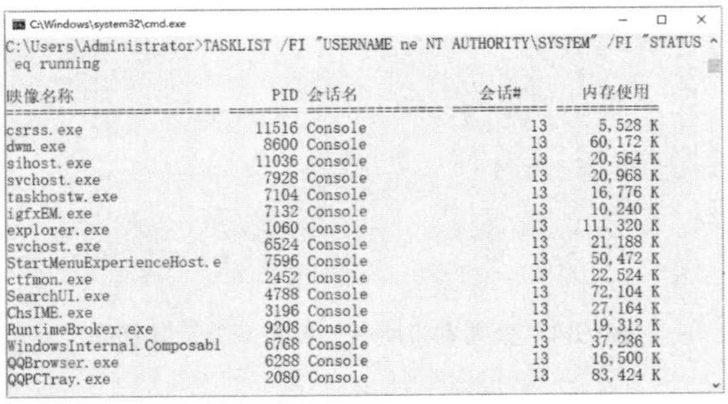

图 1-39　列出系统中正在运行的非 SYSTEM 状态的所有进程

第1章　计算机安全快速入门

1.4　实战演练

1.4.1　实战1：自定义命令提示符窗口的显示效果

系统默认的"命令提示符"窗口显示的背景色为黑色，文字为白色，那么如何自定义显示效果呢？具体的操作步骤如下。

Step 01 右击"▦"按钮，在弹出的快捷菜单中选择"运行"选项，打开"运行"对话框，在其中输入cmd命令，单击"确定"按钮，打开"命令提示符"窗口，如图1-40所示。

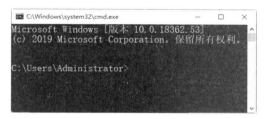

图1-40　"命令提示符"窗口

Step 02 右击窗口的顶部，在弹出的快捷菜单中选择"属性"选项，如图1-41所示。

图1-41　"属性"选项

Step 03 打开"属性"对话框，选择"颜色"选项卡，选中"屏幕背景"单选按钮，在颜色条中选中白色色块，如图1-42所示。

Step 04 选择"颜色"选项卡，选中"屏幕文字"单选按钮，在颜色条中选中黑色色块，如图1-43所示。

Step 05 单击"确定"按钮，返回"命令提示符"窗口，可以看到命令提示符窗口的显示方式变为白底黑字样式，如图1-44所示。

图1-42　设置屏幕背景

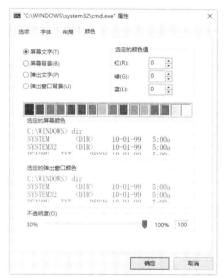

图1-43　设置屏幕文字

图1-44　以白底黑字样式显示命令提示符窗口

1.4.2　实战2：使用shutdown命令实现定时关机

使用shutdown命令可以实现定时关机的功能，具体的操作步骤如下。

11

Step 01 在"命令提示符"窗口中输入shut-down/s /t 40命令，如图1-45所示。

图 1-45　输入 shutdown/s /t 40 命令

Step 02 弹出一个即将注销用户登录的信息提示框，这样计算机就会在规定的时间内关机，如图1-46所示。

Step 03 如果此时想取消关机操作，可在"命令提示符"窗口中输入shutdown /a命令后按

Enter键，桌面右下角出现如图1-47所示的弹窗，表示取消成功。

图 1-46　信息提示框

图 1-47　取消关机操作

第2章 常用扫描与嗅探工具

要想成为一名黑客，常用的扫描与嗅探工具当然是不可缺少的。网络扫描与嗅探是黑客进行攻击之前的第一步，也是必备的操作武器。本章就来介绍常用扫描与嗅探工具的使用。

2.1 常见端口扫描器工具

服务器上所开放的端口往往是黑客潜在的入侵通道，对目标主机进行端口扫描能够获得许多有用的信息。黑客常用的端口扫描器有ScanPort扫描器、极速端口扫描器、Nmap扫描器等。

2.1.1 ScanPort扫描器

ScanPort软件不但可以用于网络扫描，同时还可以用于探测指定IP及端口，速度比传统软件快，且支持用户自设IP端口又提高了其灵活性。具体的使用方法如下。

Step 01 下载并运行ScanPort程序，打开ScanPort主窗口，在其中设置起始IP地址、结束IP地址以及要扫描的端口号，如图2-1所示。

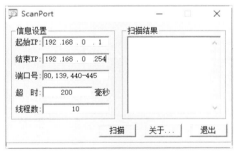

图2-1 ScanPort 主窗口

Step 02 单击"扫描"按钮即可进行扫描，从扫描结果中可以看出设置的IP地址段中计算机开启的端口，如图2-2所示。

Step 03 如果扫描某台计算机中开启的端口，则将开始IP和结束IP都设置为该主机的IP地

址，如图2-3所示。

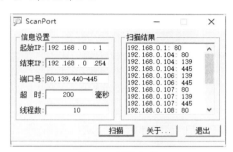

图2-2 开始扫描

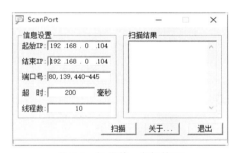

图2-3 设置单一主机的IP

Step 04 在设置完要扫描的端口号之后，单击"扫描"按钮，可扫描出该主机中开启的端口（设置端口范围之内），如图2-4所示。

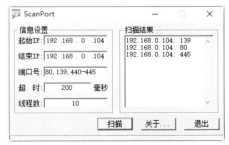

图2-4 开始扫描单个主机的端口

2.1.2 极速端口扫描器

极速端口扫描器是一款专门扫描端口的工具，利用该工具不仅可以扫描端口，还可以实现在线更新IP地址，另外还可以将扫描结果导出为记事本、网页以及XLS格式。

使用该工具扫描端口的具体操作步骤如下。

Step 01 下载并运行"极速端口扫描器V2.0.500"，打开"极速端口扫描器"主窗口，如图2-5所示。

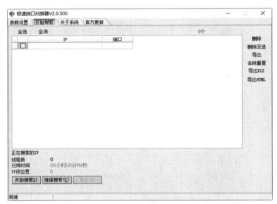

图 2-5 "极速端口扫描器"主窗口

Step 02 切换到"参数设置"选项卡下，在其中即可看到该工具自带的IP地址段以及各种参数，如图2-6所示。

图 2-6 "参数设置"选项卡

Step 03 如果要对目标主机进行扫描，则需添加指定的IP段。在"参数设置"选项卡下

单击"增加"按钮，打开"IP段编辑"对话框，如图2-7所示。

图 2-7 "IP 段编辑"对话框

Step 04 在"开始IP"和"结束IP"文本框中分别输入起始IP地址之后，单击"确定"按钮，可将该IP段添加到"搜索IP段设置"列表中，如图2-8所示。

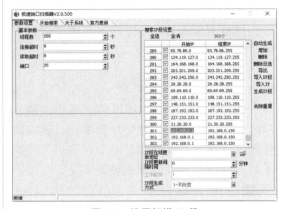

图 2-8 设置扫描 IP 段

Step 05 单击"全消"按钮，可取消选择所有的IP段，然后勾选刚添加的IP段，并将要扫描的端口设置为445，如图2-9所示。

图 2-9 选择要扫描的 IP 段

Step 06 设置完毕后，切换到"开始搜索"选

项卡下，并单击"开始搜索"按钮即可扫描指定的IP段，最终的扫描结果如图2-10所示。

图 2-10 扫描指定的 IP 段

Step 07 可以将扫描的结果保存为记事本、网页、XLS等格式。在"开始搜索"选项卡下，单击"导出"按钮，打开"另存为"对话框，如图2-11所示。

图 2-11 "另存为"对话框

Step 08 在设置完保存名称和路径后，单击"保存"按钮，可将扫描结果保存为记事本文件格式。打开保存的搜索结果，在其中即可看到搜索到的IP地址以及搜索的端口，如图2-12所示。

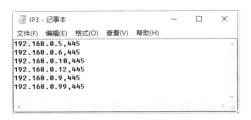

图 2-12 记事本文件

2.1.3 Nmap扫描器

Nmap扫描器是一款针对大型网络的端口扫描工具，包含多种扫描类型。它对网络中被检测到的主机按照选择的扫描选项和显示节点进行探查。用户可以建立一个需要扫描的范围，这样就不需要再输入大量的IP地址和主机名了。

使用Nmap进行扫描的具体操作方法如下。

Step 01 在桌面上双击Nmap程序图标，打开Nmap操作界面，如图2-13所示。

图 2-13 Nmap 操作界面

Step 02 要扫描单台主机，可以在"目标"后的文本框内输入主机的IP地址或网址，要扫描某个范围内的主机，可以在该文本框中输入192.168.0.1-150，如图2-14所示。

图 2-14 输入主机的 IP 地址

🔊提示：在扫描时，还可以用"*"替换掉IP地址中的任何一部分，如192.168.1.*等同于192.168.1.1-255；要扫描一个更大范围内的主机，可以输入192.168.1，2，3.*，此时将扫描192.168.1.0、192.168.2.0、192.168.3.0三个网络中的所有地址。

Step 03 要设置网络扫描的不同配置文件，可以单击"配置"后的下拉列表框，从中选择Intense scan、Intense scan plus UDP、Intense scan，all TCP ports等选项，从而对网络主

15

机进行不同方面的扫描，如图2-15所示。

图2-15　选择配置文件

Step 04 单击"扫描"按钮开始扫描，稍等一会儿即可在"Nmap输出"选项卡中显示扫描结果信息。在扫描结果信息中，可以看到扫描对象当前开放的端口，如图2-16所示。

图2-16　显示扫描结果信息

Step 05 选择"端口/主机"选项卡，在打开的界面中可以看到当前主机显示的端口、协议、状态和服务等信息，如图2-17所示。

图2-17　"端口/主机"选项卡

Step 06 选择"拓扑"选项卡，在打开的界面中可以查看当前网络中计算机的拓扑结构，如图2-18所示。

图2-18　"拓扑"选项卡

Step 07 单击"查看主机信息"按钮，打开"查看主机信息"窗口，在其中可以查看当前主机的一般信息、操作系统等信息，如图2-19所示。

图2-19　"查看主机信息"窗口

Step 08 在"查看主机信息"窗口中选择"服务"选项卡，可以查看当前主机的服务信息，如端口、协议、状态等，如图2-20所示。

图2-20　查看当前主机的服务信息

Step 09 选择"路由追踪"选项卡，在打开的界面中可以查看当前主机的路由器信息，如图2-21所示。

图 2-21　查看当前主机的路由器信息

Step 10 在Nmap操作界面中选择"主机明细"选项卡，在打开的界面可以查看当前主机的明细信息，包括主机状态、地址列表、操作系统等，如图2-22所示。

图 2-22　查看当前主机的明细信息

2.2　常见多功能扫描器工具

除了上面讲述的两种端口扫描器以外，还有很多具备诸多不同功能的扫描器，黑客们比较常用的多功能扫描器有流光扫描器、X-Scan扫描器、S-GUI Ver扫描器等，下面将分别进行介绍。

2.2.1　流光扫描器

流光扫描器是一款非常出名的中文多功能专业扫描器，其功能强大、扫描速度快、可靠性强，为广大电脑黑客迷们所钟爱。

流光扫描器可以探测POP3、FTP、HTTP、PROXY、FROM、SQL、SMTP和IPC等各种漏洞，并针对个中漏洞设计不同的破解方案。

1. 探测开放端口

利用流光扫描器可以轻松探测目标主机的开放端口，下面将以探测POP3主机的开放端口为例进行介绍。

Step 01 单击桌面上的流光扫描器程序图标，启动流光扫描器，如图2-23所示。

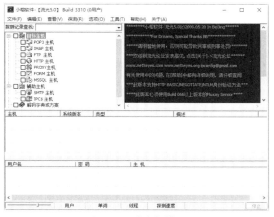

图 2-23　流光扫描器

Step 02 单击"选项"→"系统设置"，打开"系统设置"对话框，对优先级、线程数、单词数/线程及扫描端口进行设置，如图2-24所示。

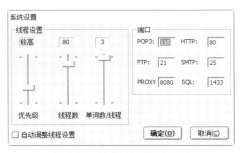

图 2-24　"系统设置"对话框

Step 03 在扫描器主窗口中勾选"HTTP主机"复选框，然后右击，在弹出的快捷菜单中选择"编辑"→"添加"选项，如图2-25所示。

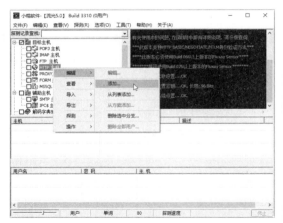

图 2-25　"添加"选项

Step 04 打开"添加主机（HTTP）"对话框，在该对话框的下拉列表框中输入要扫描主机的IP地址（这里以192.168.0.105为例），如图2-26所示。

图 2-26　输入要扫描主机的 IP 地址

Step 05 此时在主窗口中将显示出刚刚添加的HTTP主机，右击此主机，在弹出的快捷菜单中依次选择"探测"→"扫描主机端口"选项，如图2-27所示。

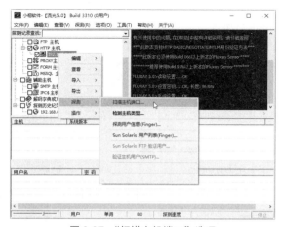

图 2-27　"扫描主机端口"选项

Step 06 打开"端口探测设置"对话框，在该对话框中勾选"自定义端口探测范围"复

选框，然后在"范围"选项区中设置要探测端口的范围，如图2-28所示。

图 2-28　设置要探测端口的范围

Step 07 设置完成后，单击"确定"按钮，开始探测目标主机的开放端口，如图2-29所示。

图 2-29　探测目标主机开放端口

Step 08 扫描完毕后，将会自动打开"探测结果"对话框，如果目标主机存在开放端口，就会在该对话框中显示出来，如图2-30所示。

图 2-30　"探测结果"对话框

2. 探测目标主机的IPC$用户列表

IPC$（Internet Process Connection）是

共享"命名管道"资源,是为了远程通信而开放的命名管道,可以通过验证用户名和密码获得相应的权限,在远程管理计算机和查看计算机的共享资源时使用。

利用IPC$可以与目标主机建立一个空的连接,连接者可以利用这个空的连接获得目标主机上的用户列表,通过猜测密码或者穷举密码,从而获得管理员权限。利用流光扫描器探测目标主机的IPC$用户列表的具体操作方法如下。

Step 01 在流光扫描器主窗口中勾选"IPC$主机"复选框,然后右击,在弹出的快捷菜单中选择"编辑"→"添加"选项,如图2-31所示。

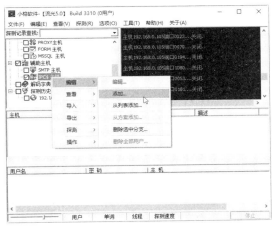

图 2-31 "添加"选项

Step 02 打开"添加主机(NT Server)"对话框,在其下拉列表框中输入要扫描主机的IP地址(这里以192.168.0.105为例),如图2-32所示。

图 2-32 "添加主机"对话框

Step 03 选中刚刚添加的IPC$主机,然后右击,在弹出的快捷菜单中选择"编辑"→"探测IPC$用户列表"选项,如图2-33所示。

图 2-33 "探测 IPC$ 用户列表"选项

Step 04 打开"IPC自动探测"对话框,提示用户是否在成功获得用户名后立即开始简单模式探测,如图2-34所示。

图 2-34 "IPC 自动探测"对话框

Step 05 单击"选项"按钮,在打开的"用户列表选项"对话框中进行设置,如图2-35所示。

图 2-35 "用户列表选项"对话框

Step 06 单击"确定"按钮,程序开始自动探测目标主机,如图2-36所示。

图 2-36 探测目标主机

3. 扫描指定地址范围内的目标主机

使用流光扫描器的高级扫描向导，可以快速地对指定地址范围内的目标主机进行扫描，具体的操作步骤如下。

Step 01 在流光扫描器主窗口中执行"文件"→"高级扫描向导"命令，如图2-37所示。

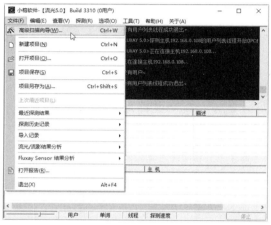

图 2-37 "高级扫描向导"命令

Step 02 打开"设置"对话框，在"起始地址"和"结束地址"文本框中分别输入指定地址范围的开始和结束IP地址，并勾选"获取主机名"和"PING检查"复选框，如图2-38所示。

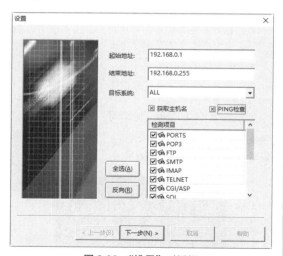

图 2-38 "设置"对话框

Step 03 单击"下一步"按钮，打开PORTS对话框，在该对话框中可以对要扫描的端口范围进行设置，这里勾选"标准端口扫描"复选框，如图2-39所示。

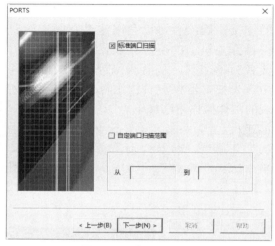

图 2-39 PORTS 对话框

Step 04 单击"下一步"按钮，打开POP3对话框，在其中可以对POP3检测项目进行设置，这里勾选"获取POP3版本信息"和"尝试猜解用户"复选框，如图2-40所示。

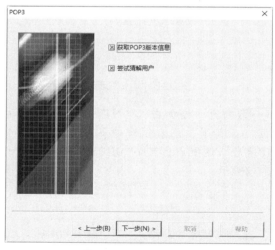

图 2-40 POP3 对话框

Step 05 单击"下一步"按钮，打开IPC对话框，在该对话框中可以对IPC检测项目进行设置，这里取消勾选"仅对Administraotors组进行猜解"复选框，如图2-41所示。

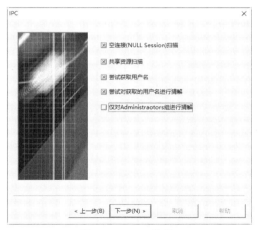

图 2-41　IPC 对话框

Step 06 单击"下一步"按钮，直至系统打开"选项"对话框，在该对话框中设置用户名字典、密码字典和扫描报告的保存路径等，如图2-42所示。

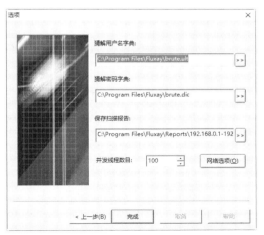

图 2-42　"选项"对话框

Step 07 单击"完成"按钮，打开"选择流光主机"对话框，如图2-43所示。

图 2-43　"选择流光主机"对话框

Step 08 单击"开始"按钮，程序开始扫描指定的地址范围，这可能需要较长时间，在扫描过程中会打开探测结果对话框提示用户，如图2-44所示。

图 2-44　扫描指定的地址范围

提示：扫描完毕后，系统会打开"注意"提示信息框提醒用户是否要查看扫描报告，单击"是"按钮，此时会打开一个HTML格式的扫描报告，其中列出了扫描到的主机的详细信息，如图2-45所示。

图 2-45　信息提示框

2.2.2　X-Scan扫描器

X-Scan是国内最著名的综合扫描器之一，该工具采用多线程方式对指定IP地址段（或单机）进行安全漏洞检测，且支持插件功能。它可以扫描出目标主机操作系统类型及版本、标准端口状态及端口BANNER信息、CGI漏洞、IIS漏洞、RPC漏洞、SQL-SERVER、FTP-SERVER、SMTP-SERVER、POP3-SERVER、NT-SERVER弱口令用户、NT服务器NETBIOS等信息。

1. 设置X-Scan扫描器

在使用X-Scan扫描器扫描系统之前，需要先对该工具的一些属性进行设置，例如扫描参数、检测范围等。设置和使用X-Scan的具体操作步骤如下。

Step 01 在X-Scan文件夹中双击X-Scan_gui.exe应用程序，打开X-Scan v3.3 GUI主窗口。在其中可以浏览此软件的功能简介、常见问题解答等信息，如图2-46所示。

图 2-46　X-Scan v3.3 GUI 主窗口

Step 02 单击工具栏中的"扫描参数"按钮，打开"扫描参数"对话框，如图2-47所示。

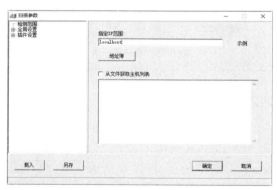

图 2-47　"扫描参数"对话框

Step 03 在左边的列表中单击"检测范围"选项卡，然后在"指定IP范围"文本框中输入要扫描的IP地址范围。若不知道输入的格式，单击"示例"按钮即可打开"示例"对话框。在其中可看到各种有效格

式，如图2-48所示。

图 2-48　"示例"对话框

Step 04 切换到"全局设置"选项卡下，并单击其中的"扫描模块"子项，在其中即可选择扫描过程中需要扫描的模块。在选择扫描模块的同时，还可在右侧窗格中查看勾选的模块的相关说明，如图2-49所示。

图 2-49　"全局设置"选项卡

Step 05 由于X-Scan是一款多线程扫描工具，在"并发扫描"子项中可以设置扫描时的线程数量，如图2-50所示。

图 2-50　"并发扫描"子项

Step 06 切换到"扫描报告"子项下，在其中可以设置扫描报告存放的路径和文件格式，如图2-51所示。

图 2-51　"扫描报告"子项

🖐**提示**：如果需要保存自己设置的扫描IP地址范围，可在勾选"保存主机列表"复选框后，输入保存文件名称，以后就可以直接调用这些IP地址范围；如果用户需要在扫描结束时自动生成报告文件并显示报告，则可勾选"扫描完成后自动生成并显示报告"复选框。

Step 07 切换到"其他设置"子项下，在其中可以设置扫描过程的其他属性，如设置扫描方式、显示详细进度等，如图2-52所示。

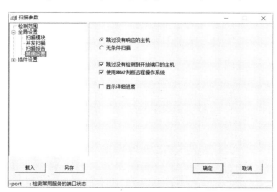

图 2-52　"其他设置"子项

Step 08 切换到"插件设置"选项卡下，并单击其中的"端口相关设置"子项，在其中可设置扫描端口范围以及检测方式，这里检测方式为"TCP"，如图2-53所示。

图 2-53　"端口相关设置"子项

Step 09 切换到"SNMP相关设置"子项下，在其中勾选相应的复选框来设置在扫描时获取SNMP信息的内容，如图2-54所示。

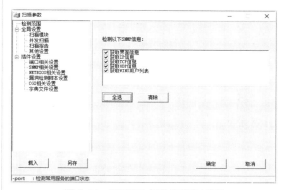

图 2-54　"SNMP 相关设置"子项

Step 10 切换到"NETBIOS相关设置"子项下，在其中设置需要获取的NETBIOS信息类型，如图2-55所示。

图 2-55　"NETBIOS 相关设置"子项

Step 11 切换到"漏洞检测脚本设置"子项下，取消勾选"全选"复选框之后，单击

23

"选择脚本"按钮，打开Select Script（选择脚本）对话框，如图2-56所示。

图 2-56　Select Script 对话框

Step 12 在选择检测的脚本文件之后，单击"确定"按钮返回"扫描参数"对话框中，并分别设置脚本运行超时和网络读取超时等属性，如图2-57所示。

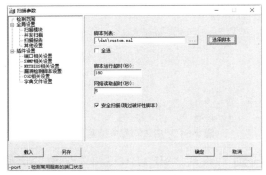

图 2-57　"扫描参数"对话框

Step 13 在"CGI相关设置"子项下，在其中可设置扫描时需要使用的CGI选项，如图2-58所示。

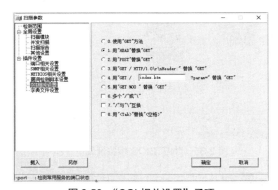

图 2-58　"CGI 相关设置"子项

Step 14 切换到"字典文件设置"子项下，然后可以通过双击字典类型，打开"打开"对话框，如图2-59所示。

图 2-59　"打开"对话框

Step 15 在其中选择相应的字典文件后，单击"打开"按钮，返回"扫描参数"对话框，可看到选中的字典类型及字典文件名。在设置好所有选项之后，单击"确定"按钮即可完成设置，如图2-60所示。

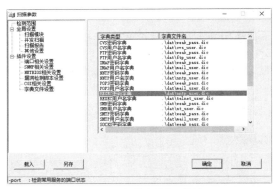

图 2-60　"扫描参数"对话框

2. 使用X-Scan进行扫描

在设置完X-Scan各个属性后，就可以利用该工具对指定IP地址范围内的主机进行扫描，具体的操作步骤如下。

Step 01 在X-Scan v3.3 GUI主窗口中单击"开始扫描"按钮 ▶ 即可进行扫描，在扫描的同时可显示扫描进程和扫描所得到的信息，如图2-61所示。

图2-61　扫描主机信息

Step 02 在扫描完成之后，可看到HTML格式的扫描报告。在其中可看到活动主机IP地址、存在的系统漏洞和其他安全隐患，如图2-62所示。

图2-62　HTML 格式的扫描报告

Step 03 在X-Scan v3.3 GUI主窗口中切换到"漏洞信息"选项卡下，在其中可看到存在漏洞的主机信息，如图2-63所示。

图2-63　"漏洞信息"选项卡

2.2.3　S-GUI Ver扫描器

S-GUI Ver扫描器是以S.EXE为核心的可视化的端口扫描工具，支持多端口扫描、线程控制、隐藏扫描、扫描列表、去掉端口、自动整理扫描结果等，是一款使用起来比较方便的端口扫描工具。

使用S-GUIVer扫描端口的具体操作步骤如下。

Step 01 下载并解压S-GUI Ver2.0软件，并双击其中的S-GUI Ver2.0.exe，可打开S-GUI Ver2.0主窗口，如图2-64所示。

图2-64　S-GUI Ver2.0 主窗口

Step 02 在S-GUI Ver2.0窗口的"扫描分段"选项框中分别输入开始扫描的IP地址和结果扫描的IP地址，然后在"扫描设置"选项框中的"端口"文本框中输入要扫描的端口，最后在"协议"选项区中选中TCP单选按钮，如图2-65所示。

图2-65　输入扫描 IP 地址段

Step 03 设置完毕后，单击"开始扫描"按钮，打开"提示"对话框，在其中即可看到"扫描已经开始，正在扫描中，扫描完毕后有提示"的提示信息，如图2-66所示。

Step 04 单击"确定"按钮，打开Windows Script Host对话框，在其中即可看到"扫描完毕！请载入结果……"提示信息，如图2-67所示。

图 2-66 "提示"对话框   图 2-67 扫描完毕

Step 05 单击"确定"按钮，返回S-GUI Ver2.0主窗口，然后单击右侧的 载入结果 按钮，打开"提示"对话框，在其中即可看到"你真的要[载入结果]吗？如果'是'将会覆盖掉[扫描结果]中的原有数据"提示信息，如图2-68所示。

图 2-68 "提示"对话框

Step 06 单击"是"按钮，将扫描结果添加到"扫描结果"文本区域中，在其中可看到扫描到的开放指定端口主机的IP地址以及端口号，如图2-69所示。

图 2-69 "扫描结果"文本区域

Step 07 如果想要将扫描结果内容放入左侧扫描列表中，则需要单击"发送列表"按钮，打开"提示"对话框，在其中即可看到"你真的要将[扫描结果]发送到[扫描列表]吗？如果'是'将会覆盖掉[扫描列表]中的原有数据"提示信息，如图2-70所示。

图 2-70 "提示"对话框

Step 08 单击"是"按钮，打开"已经发送到[扫描列表]中并去掉了端口号"提示框，如图2-71所示。

图 2-71 信息提示框

Step 09 单击"确定"按钮，可在S-GUI Ver2.0主窗口左侧的"扫描列表"中看到扫描到的主机列表，如图2-72所示。

图 2-72 扫描到的主机列表

Step 10 单击"打开Result"按钮，以记事本的形式打开Result记事本文件，在其中可看到具体的扫描信息，如图2-73所示。

图 2-73 "Result"记事本文件

2.3 常用网络嗅探工具

网络嗅探的基础是数据捕获，其系统是并接在网络中来实现数据捕获的。这种方式和入侵检测系统相同。

2.3.1 嗅探利器SmartSniff

SmartSniff可以让用户捕获自己网络适配器的TCP/IP数据包，并且可以按顺序查看客户端与服务器之间会话的数据。用户可以使用ASCII模式（用于基于文本的协议，如HTTP、SMTP、POP3与FTP）、十六进制模式来查看TCP/IP会话（用于基于非文本的协议，如DNS）。

利用SmartSniff捕获TCP/IP数据包的具体操作步骤如下。

Step 01 单击桌面上的SmartSniff程序图标，打开SmartSniff主窗口，如图2-74所示。

图 2-74 SmartSniff 主窗口

Step 02 单击"开始捕获"按钮或按F5键，开始捕获当前主机与网络服务器之间传输的数据包，如图2-75所示。

图 2-75 捕获数据包信息

Step 03 单击"停止捕获"按钮或按F6键，停止捕获数据，在列表中选择任意一个TCP类型的数据包，可查看其数据信息，如图2-76所示。

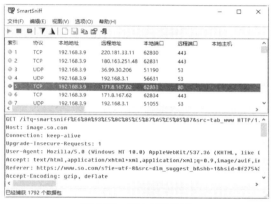

图 2-76 停止捕获数据

Step 04 在列表中选择任意一个UDP协议类型的数据包，可查看其数据信息，如图2-77所示。

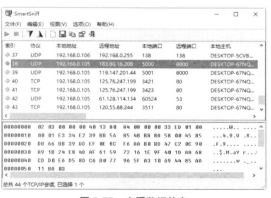

图 2-77 查看数据信息

Step 05 在列表中选中任意一个数据包，执行"文件"→"属性"命令，在打开的"属性"对话框中可以查看其属性信息，如图2-78所示。

图2-78　"属性"对话框

Step 06 在列表中选中任意一个数据包，执行"视图"→"网页报告-TCP/IP数据流"命令，可以网页形式查看数据流报告，如图2-79所示。

图2-79　查看数据流报告

2.3.2　网络数据包嗅探专家

网络数据包嗅探专家是一款监视网络数据运行的嗅探器，能够完整地捕捉到所处局域网中所有计算机的上行、下行数据包。用户可以将捕捉到的数据包保存下来，以进行监视网络流量、分析数据包、查看网络资源利用、执行网络安全操作规则、鉴定分析网络数据，以及诊断并修复网络问题等操作。

使用网络数据包嗅探专家的具体操作方法如下。

Step 01 打开网络数据包嗅探专家程序，其工作界面，如图2-80所示。

图2-80　网络数据包嗅探专家

Step 02 单击" ▶ "按钮，开始捕获当前网络数据，如图2-81所示。

图2-81　捕获当前网络数据

Step 03 单击" ■ "按钮，停止捕获数据包，当前的所有网络连接数据将在下方显示出来，如图2-82所示。

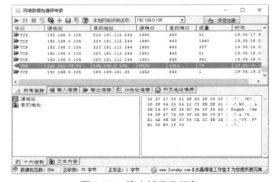

图2-82　停止捕获数据包

Step 04 单击"IP地址连接"按钮，将在上方窗格中显示前一段时间内输入与输出数据的源地址与目标地址，如图2-83所示。

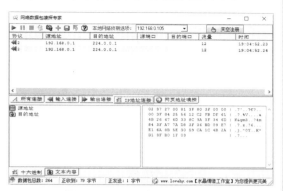

图 2-83　显示源地址与目标地址

Step 05 单击"网页地址嗅探"按钮，可查看当前所连接网页的详细地址和文件类型，如图2-84所示。

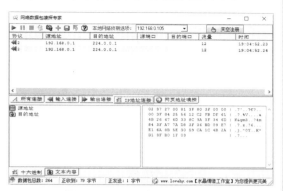

图 2-84　显示详细地址和文件类型

2.4　实战演练

2.4.1　实战1：查看系统中的ARP缓存表

在利用网络欺骗攻击的过程中，经常用到的一种欺骗方式是ARP欺骗，但在实施ARP欺骗之前，需要查看ARP缓存表。那么如何查看系统的ARP缓存表信息呢？

具体的操作步骤如下。

Step 01 右击"▦"按钮，在弹出的快捷菜单中选择"运行"选项，打开"运行"对话框，在"打开"文本框中输入cmd命令，如

图2-85所示。

图 2-85　"运行"对话框

Step 02 单击"确定"按钮，打开"命令提示符"窗口，如图2-86所示。

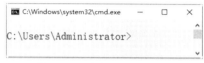

图 2-86　"命令提示符"窗口

Step 03 在"命令提示符"窗口中输入arp -a命令，按Enter键执行命令，可显示出本机系统的ARP缓存表中的内容，如图2-87所示。

图 2-87　ARP 缓存表

Step 04 在"命令提示符"窗口中输入arp -d命令，按Enter键执行命令，可删除ARP表中所有的内容，如图2-88所示。

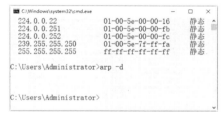

图 2-88　删除 ARP 表

2.4.2　实战2：在网络邻居中隐藏自己

如果不想让别人在网络邻居中看到自己的计算机，可把自己的计算机名称在网

络邻居里隐藏，具体的操作步骤如下。

Step 01 右击"⊞"按钮，在弹出的快捷菜单中选择"运行"选项，打开"运行"对话框，在"打开"文本框中输入regedit命令，如图2-89所示。

图2-89 "运行"对话框

Step 02 单击"确定"按钮，打开"注册表编辑器"窗口，如图2-90所示。

图2-90 "注册表编辑器"窗口

Step 03 在"注册表编辑器"窗口中，展开分支到HKEY_LOCAL_MACHINE\System\CurrentControlSet\Services\LanManServer\Parameters子键下，如图2-91所示。

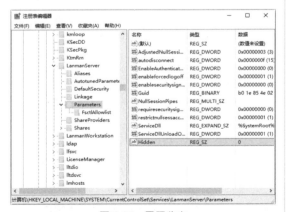

图2-91 展开分支

Step 04 选中Hidden子键并右击，在弹出的快捷菜单中选择"修改"选项，打开"编辑字符串"对话框，如图2-92所示。

图2-92 "编辑字符串"对话框

Step 05 在"数值数据"文本框中将数值从0设置为1，如图2-93所示。

图2-93 设置数值数据为1

Step 06 单击"确定"按钮，就可以在网络邻居中隐藏自己的计算机了，如图2-94所示。

图2-94 网络邻居

第3章 系统漏洞与安全防护工具

目前，用户普遍使用的操作系统为Windows 10操作系统，不过，该系统也存在有这样或那样的系统漏洞与安全隐患，这就给黑客留下了入侵攻击的机会。作为计算机用户，如何才能有效地防止黑客的入侵攻击，就成了迫在眉睫的问题。本章就来介绍系统漏洞与安全防护工具的使用。

3.1 系统漏洞修补工具

计算机系统漏洞也被称为系统安全缺陷，这些安全缺陷会被技术高低不等的入侵者所利用，从而达到控制目标主机乃至实施破坏的目的。要想防范系统的漏洞，首选就是及时为系统打补丁，下面介绍几种为系统打补丁的方法。

3.1.1 系统漏洞产生的原因

系统漏洞的产生不是安装不当的结果，也不是使用后的结果。归纳起来，系统漏洞产生的原因主要有以下几点：

（1）人为因素，编程人员在编写程序过程中故意在程序代码的隐蔽位置保留了后门。

（2）硬件因素，因为是硬件的原因，编程人员无法弥补硬件的漏洞，从而使硬件问题通过软件表现出来。

（3）客观因素，受编程人员的能力、经验和当时的安全技术及加密方法所限，在程序中不免存在不足之处，而这些不足恰恰会导致系统漏洞的产生。

3.1.2 使用Windows更新修补漏洞

"Windows更新"是系统自带的用于检测系统更新的工具，使用"Windows更新"可以下载并安装系统更新。以Windows 10系统为例，具体的操作步骤如下。

Step 01 单击"■"按钮，在打开的菜单中选择"设置"选项，如图3-1所示。

图 3-1 "设置"选项

Step 02 打开"设置"窗口，在其中可以看到有关系统设置的相关功能，如图3-2所示。

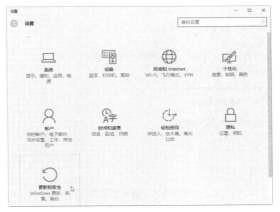

图 3-2 "设置"窗口

Step 03 单击"更新和安全"图标，打开"更新和安全"窗口，在其中选择"Windows更新"选项，如图3-3所示。

Step 04 单击"检查更新"按钮，可开始检查网上是否存在有更新文件，如图3-4所示。

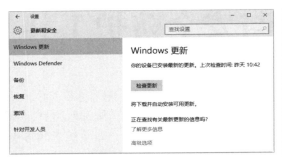

图 3-3 "更新和安全" 窗口

图 3-4 查询更新文件

Step 05 检查完毕后，如果存在更新文件，则会打开如图3-5所示的信息提示，提示用户有可用更新，并自动开始下载更新文件。

图 3-5 下载更新文件

Step 06 下载完成后，系统会自动安装更新文件，安装完毕后，会打开如图3-6所示的信息提示框。

Step 07 单击 "立即重新启动" 按钮，重新启动电脑，重新启动完毕后，再次打开 "Windows更新" 窗口，在其中可以看到 "你的设备已安装最新的更新" 信息提示，

如图3-7所示。

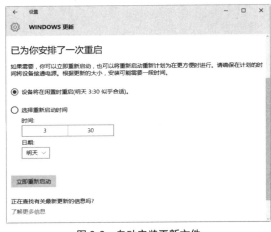

图 3-6 自动安装更新文件

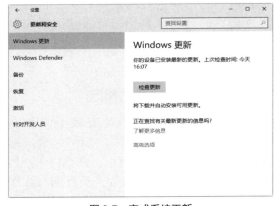

图 3-7 完成系统更新

Step 08 单击 "高级选项" 超链接，打开 "高级选项" 设置工作界面，在其中可以选择安装更新的方式，如图3-8所示。

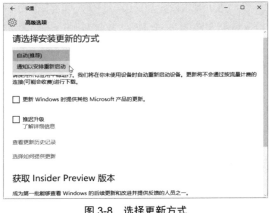

图 3-8 选择更新方式

3.1.3 使用电脑管家修补漏洞

除使用Windows系统自带的Windows更新下载并及时为系统修复漏洞外，还可以使用第三方软件及时为系统下载并安装漏洞补丁，常用的有电脑管家、360安全卫士、优化大师等。

使用电脑管家修复系统漏洞的具体操作步骤如下。

Step 01 双击桌面上的电脑管家图标，打开"电脑管家"窗口，选择"工具箱"选项，进入如图3-9所示页面。

图 3-9 "工具箱"窗口

Step 02 单击"修复漏洞"图标，开始自动扫描系统中存在的漏洞，并在下面的界面中显示出来，用户在其中可以自主选择需要修复的漏洞，如图3-10所示。

图 3-10 "系统修复"窗口

Step 03 单击"一键修复"按钮，开始修复系统存在的漏洞。修复完成后，系统漏洞的状态变为"修复成功"，如图3-11所示。

图 3-11 成功修复系统漏洞

3.1.4 使用360安全卫士修补漏洞

使用360安全卫士扫描系统漏洞并修补漏洞的操作步骤如下。

Step 01 双击桌面上的360安全卫士快捷图标，进入360安全卫士工作界面，单击"系统修复"图标，开始检测计算机的状态，检测完毕后即可显示出当前计算机系统漏洞，如图3-12所示。

图 3-12 计算机系统漏洞

Step 02 单击"一键修复"按钮，开始下载并修复系统漏洞，如图3-13所示。

图 3-13 下载并修复系统漏洞

Step 03 修复完成后，会给出相应的修复结果，如图3-14所示。

图 3-14 系统漏洞修复结果

3.2 间谍软件防护工具

间谍软件是一种能够在用户不知情的情况下，在其计算机上安装后门、收集用户信息的软件。间谍软件以恶意后门程序的形式存在，该程序可以打开端口、启动ftp服务器或者搜集击键信息并将信息反馈给攻击者。

3.2.1 通过事件查看器抓住隐藏的间谍软件

不管我们是不是计算机高手，都要学会自己根据Windows自带的"事件查看器"对应用程序、系统、安全和设置等进程进行分析与管理。

通过事件查看器查找间谍软件的操作步骤如下。

Step 01 右击"此电脑"图标，在弹出的快捷菜单中选择"管理"选项，如图3-15所示。

Step 02 打开"计算机管理"对话框，在其中可以看到系统工具、存储、服务和应用程序3个方面的内容，如图3-16所示。

Step 03 在左侧依次展开"计算机管理（本地）"→"系统工具"→"事件查看器"选项，可在下方显示事件查看器所包含的内容，如图3-17所示。

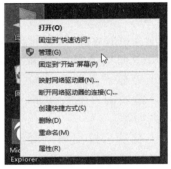

图 3-15 "管理"选项

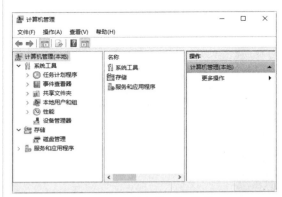

图 3-16 "计算机管理"对话框

图 3-17 事件查看器

Step 04 双击"Windows日志"选项，可在右侧显示有关Windows日志的相关内容，包括应用程序、安全、设置、系统和已转发事件等，如图3-18所示。

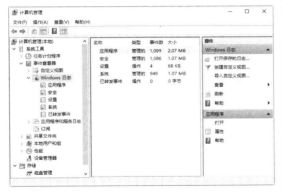

图 3-18 Windows 日志信息

Step 05 双击右侧区域中的"应用程序"选项，可在打开的界面中看到非常详细的应用程序信息，其中包括应用程序被打开、修改、权限过户、权限登记、关闭以及重要的出错或者兼容性信息等，如图3-19所示。

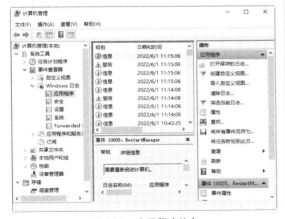

图 3-19 应用程序信息

Step 06 右击其中任意一条信息，在弹出的快捷菜单中选择"事件属性"选项，如图3-20所示。

Step 07 打开"事件属性"对话框，在该对话框中可以查看该事件的常规属性以及详细信息等，如图3-21所示。

Step 08 右击其中任意一条应用程序信息，在弹出的快捷菜单中选择"保存选择的事件"选项，打开"另存为"对话框，在"文件名"文本框中输入事件的名称，并选择事件保存的类型，如图3-22所示。

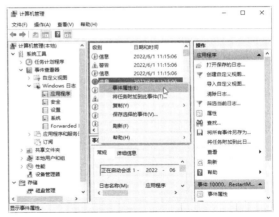

图 3-20 "事件属性"选项

图 3-21 "事件属性"对话框

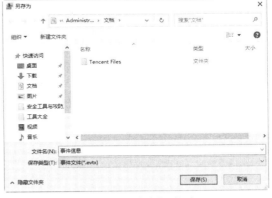

图 3-22 "另存为"对话框

Step 09 单击"保存"按钮，保存事件，并打开"显示信息"对话框，在其中设置是否要在其他计算机中正确查看此日志，设置完毕后，单击"确定"按钮即可保存设置，如图3-23所示。

图 3-23 "显示信息"对话框

Step 10 双击左侧的"安全"选项，可以将计算机记录的安全性事件信息全都显示于此，用户可以对其进行具体查看和保存、附加程序等，如图3-24所示。

图 3-24 "安全"选项

Step 11 双击左侧的"设置"选项，在右侧将会展开系统设置详细内容，如图3-25所示。

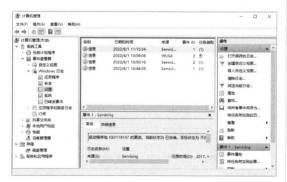

图 3-25 "设置"选项

Step 12 双击左侧的"系统"选项，会在右侧看到Windows操作系统运行时内核以及上层软硬件之间的运行记录，这里面会记录大量的错误信息，是黑客们分析目标计算机漏洞时最常用到的信息库，用户最好熟悉错误码，这样可以提高查找间谍软件的效率，如图3-26所示。

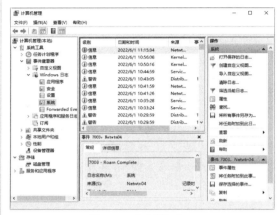

图 3-26 "系统"选项

3.2.2 使用反间谍专家揪出隐藏的间谍软件

使用反间谍专家可以扫描系统薄弱环节以及全面扫描硬盘，智能检测和查杀超过上万种木马、蠕虫、间谍软件等，并终止它们的恶意行为。当检测到可疑文件时，该工具还可以将其隔离，从而保护系统的安全。

下面介绍使用反间谍专家软件的基本步骤。

Step 01 运行反间谍专家程序，打开"反间谍专家"主界面，从中可以看出反间谍专家有"快速查杀"和"完全查杀"两种方式，如图3-27所示。

Step 02 在"查杀"栏目中单击"快速查杀"按钮，然后右边的窗口中单击"开始查杀"按钮，打开"扫描状态"对话框，如图3-28所示。

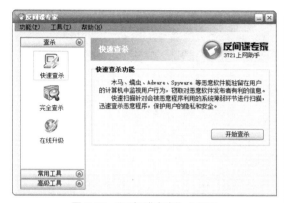

图 3-27 "反间谍专家"主界面

图 3-28 "扫描状态"对话框

Step 03 在扫描结束之后，打开"扫描报告"对话框，在其中列出了扫描到的恶意代码，如图3-29所示。

图 3-29 "扫描报告"对话框

Step 04 单击"选择全部"按钮，可选中全部的恶意代码，然后单击"清除"按钮，快速杀除扫描到的恶意代码，如图3-30所示。

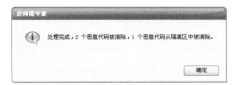

图 3-30 清除恶意代码

Step 05 如果要彻底扫描并查杀恶意代码，则需采用"完全查杀"方式。在"反间谍专家"主窗口中，单击"完全查杀"按钮，打开"完全查杀"对话框。从中可以看出完全查杀有三种快捷方式供选择，这里选中"扫描本地硬盘中的所有文件"单选项，如图3-31所示。

图 3-31 "完全查杀"对话框

Step 06 单击"开始查杀"按钮，打开"扫描状态"对话框，在其中可以查看查杀进程，如图3-32所示。

图 3-32 "扫描状态"对话框

Step 07 待扫描结束之后，打开"扫描报告"对话框，在其中列出所扫描到的恶意代码。勾选要清除的恶意代码前面的复选框后，单击"清除"按钮，即可删除这些恶意代码，如图3-33所示。

Step 08 在"反间谍专家"主界面中切换到"常用工具"栏目中，单击"系统免疫"按钮，打开"系统免疫"对话框，单击"启用"按钮即可确保系统不受到恶意程序的攻击，如图3-34所示。

图 3-33　清除恶意代码

图 3-34　"系统免疫"对话框

Step 09 单击"IE修复"按钮，打开"IE修复"对话框，在勾选需要修复的项目之后，单击"立即修复"按钮，可将IE恢复到其原始状态，如图3-35所示。

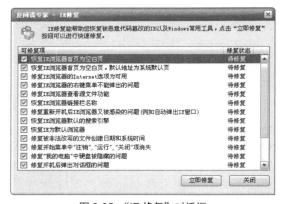

图 3-35　"IE 修复"对话框

Step 10 单击"隔离区"按钮，则可查看已经隔离的恶意代码，选择隔离的恶意项目可以对其进行恢复或清除操作，如图3-36所示。

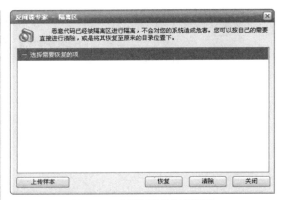

图 3-36　查看隔离的恶意代码

Step 11 单击"高级工具"功能栏，进入"高级工具"设置界面，如图3-37所示。

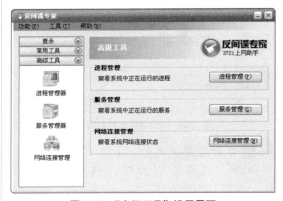

图 3-37　"高级工具"设置界面

Step 12 单击"进程管理"按钮，打开"进程管理器"对话框，在其中对进程进行相应的管理，如图3-38所示。

图 3-38　"进程管理器"对话框

Step 13 单击"服务管理"按钮，打开"服务管理器"对话框，在其中可对服务进行相应的管理，如图3-39所示。

图3-39 "服务管理器"对话框

Step 14 单击"网络连接管理"按钮，打开"网络连接管理器"对话框，在其中可对网络连接进行相应的管理，如图3-40所示。

图3-40 "网络连接管理器"对话框

Step 15 选择"工具"→"综合设定"菜单项，打开"综合设定"对话框，在其中可对扫描设定进行相应的设置，如图3-41所示。

图3-41 "综合设定"对话框

Step 16 选择"查杀设定"选项卡，进入"查杀设定"设置界面，在其中可设定发现恶意程序时的缺省动作，如图3-42所示。

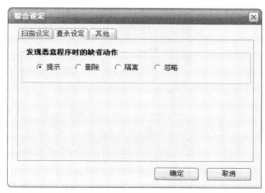

图3-42 "查杀设定"选项卡

Step 17 选择"其他"选项卡，进入"其他"设置界面，在其中勾选"允许右键菜单选择扫描"复选框，单击"确定"按钮即可完成设置操作，如图3-43所示。

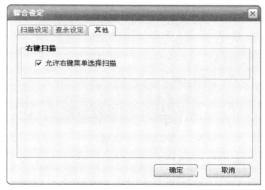

图3-43 "其他"选项卡

3.2.3 用SpyBot-Search&Destroy查杀间谍软件

SpyBot-Search&Destroy是一款专门用来清理间谍程序的工具。目前，它已经可以检测1万多种间谍程序（Spyware），并对其中的1000多种进行免疫处理。这个软件是完全免费的，并有中文语言包支持，可以在Server级别的操作系统上使用。

使用SpyBot软件查杀间谍软件的基本步骤如下。

Step 01 安装Spybot-Search&Destroy并完成初始化设置之后，打开其主窗口，如图3-44所示。

图 3-44　Spybot-Search&Destroy 工作界面

Step 02 由于该软件支持多种语言，可以在其主窗口中执行Languages→"简体中文"命令，将程序主界面切换为中文模式，如图3-45所示。

图 3-45　中文模式

Step 03 单击其中的"检测"按钮或单击左侧的"检查与修复"按钮，打开"检测与修复"窗口，单击"检测与修复"按钮，此时即可开始检查系统找到的存在的间谍软件，如图3-46所示。

图 3-46　"检测与修复"窗口

Step 04 在软件检查完毕之后，检查页上将会列出在系统中查到的可能有问题的软件。选取某个检查到的问题，再点击右侧的分栏箭头即可查询到有关该问题软件的发布公司，软件功能、说明和危害种类等信息，如图3-47所示。

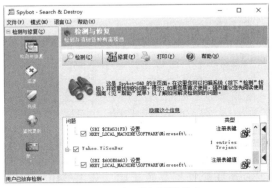

图 3-47　显示检测到的信息

Step 05 选中需要修复的问题程序，单击"修复"按钮，打开"将要删除这些项目"提示信息框，如图3-48所示。

图 3-48　确认信息框

Step 06 单击"是"按钮，可看到在下次系统启动时自动运行提示框，如图3-49所示。

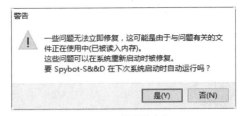

图 3-49　警告信息框

Step 07 单击"是"按钮，可将选取的间谍程序从系统中清除。修复后的结果如图3-50所示，其中以✔标识已经成功修复的问题，以❸标识修复不成功的问题。

Step 08 待修复完成后，可看到"确认"对话框。在其中会显示成功修复以及尚未修复问题的数目，并建议重启计算机。此时只需单击"确定"按钮重启计算机修复未修复的问题即可，如图3-51所示。

图 3-50　清除间谍程序

图 3-51　"确认"对话框

Step 09 选择"还原"选项，在打开的界面中选择需要还原的项目，单击"还原"按钮，如图3-52所示。

图 3-52　选择需要还原的项目

Step 10 打开"确认"信息提示框，提示用户是否要撤销先前所做的修改，如图3-53所示。

Step 11 单击"是"按钮，可将修复的问题还原到原来的状态，还原完毕后打开"信息"提示框，如图3-54所示。

图 3-53　"确认"信息提示框

图 3-54　"信息"提示框

Step 12 选择"免疫"选项，进入"免疫"设置界面，免疫功能能使用户的系统具有抵御间谍软件的免疫效果，如图3-55所示。

图 3-55　"免疫"设置界面

3.3　流氓软件清除工具

软件在安装的过程中，一些流氓软件也有可能会趁机强制安装进信息，并会在注册表中添加相关的信息，普通的卸载方法并不能将流氓软件彻底删除，如果想将其所有的信息删除掉，可以使用第三方软件来卸载。

3.3.1　使用360安全卫士卸载流氓软件

使用360软件管理可以卸载流氓软件，具体的操作步骤如下。

Step 01 启动360安全卫士，在打开的主界面中选择"电脑清理"选项，进入电脑清理界面，如图3-56所示。

图 3-56　电脑清理界面

Step 02 在电脑清理界面中选择"清理插件"选项，然后单击"一键扫描"按钮，可扫描当前系统中的流氓软件，如图3-57所示。

图 3-57　扫描系统中的流氓软件

Step 03 扫描完成后，单击"一键清理"按钮，可对扫描出来的流氓软件进行清理，并给出清理完成后的信息提示，如图3-58所示。

图 3-58　清理流氓软件

Step 04 另外，还可以在"360安全卫士"窗口中单击"软件管家"按钮，进入"360

软件管家"窗口，选择"卸载"选项卡，在"软件名称"列表中选择需要卸载的软件，如图3-59所示。

图 3-59　"360软件管家"窗口

3.3.2　使用金山清理专家清除恶意软件

金山清理专家的首要功能就是查杀恶意软件，在安装完软件之后就可以对本地机器上恶意软件进行查杀，具体的操作步骤如下。

Step 01 双击桌面上的金山清理专家快捷图标，进入"金山清理专家"主窗口，如图3-60所示。

图 3-60　"金山清理专家"主窗口

Step 02 在"恶意软件查杀"选项卡中，可以对恶意软件、第三方插件和信任插件进行查杀，单击"恶意软件"选项，自动对恶意软件进行扫描，如图3-61所示。

Step 03 在扫描结束之后将显示出的扫描结

果，如果本机存在有恶意软件，在勾选扫描出的恶意软件之后，单击"清除选定项"按钮，可将恶意软件删除掉，如图3-62所示。

图 3-61　扫描恶意软件

图 3-62　删除恶意软件

3.4　实战演练

3.4.1　实战1：修补系统漏洞后手动重启

一般情况下，在Windows 10每次自动下载并安装好补丁后，就会每隔10分钟弹出窗口要求重启启动。如果不小心单击了"立即重新启动"按钮，则有可能会影响当前计算机操作的资料。那么如何才能不让Windows 10安装完补丁后自动弹出"重新启动"的信息提示框呢？具体的操作步骤如下。

Step 01 单击"▦"按钮，在弹出的快捷菜单中选择"所有程序"→"附件"→"运行"选项，打开"运行"对话框，在"打开"文本框中输入gpedit.msc，如图3-63所示。

图 3-63　"运行"对话框

Step 02 单击"确定"按钮，打开"本地组策略编辑器"窗口，如图3-64所示。

图 3-64　"本地组策略编辑器"窗口

Step 03 在窗口的左侧依次选择"计算机配置"→"管理模板"→"Windows 组件"选项，如图3-65所示。

图 3-65　"Windows 组件"选项

Step 04 展开"Windows 组件"选项，在其子菜单中选择"Windows 更新"选项。此时，在右侧的窗格中将显示Windows更新的所有设置，如图3-66所示。

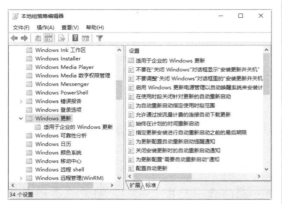

图 3-66 "Windows 更新"选项

Step 05 在右侧的窗格中选中"对于有已登录用户的计算机，计划的自动更新安装不执行重新启动"选项并右击，在弹出的快捷菜单中选择"编辑"选项，如图3-67所示。

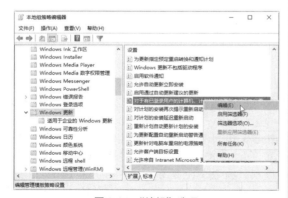

图 3-67 "编辑"选项

Step 06 随即打开"对于有已登录用户的计算机，计划的自动更新安装不执行重新启动"对话框，在其中选中"已启用"单选按钮，如图3-68所示。

Step 07 单击"确定"按钮，返回"组策略编辑器"窗口，此时用户可看到"对于有已登录用户的计算机，计划的自动更新安装不执行重新启动"选择的状态是"已启用"，如图3-69所示。这样，在自动更新完

补丁后，将不会再弹出重新启动计算机的信息提示框。

图 3-68 "已启用"单选按钮

图 3-69 "已启用"状态

3.4.2 实战2：关闭开机多余启动项目

在计算机启动的过程中，自动运行的程序称为开机启动项，有时一些木马程序会在开机时就运行，用户可以通过关闭开机启动项来提高系统安全性，具体的操作步骤如下。

Step 01 按下键盘上的Ctrl+Alt+Delete组合键，打开如图3-70所示的界面。

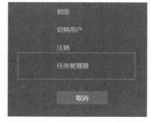

图 3-70 "任务管理器"选项

Step 02 单击"任务管理器"选项，打开"任务管理器"窗口，如图3-71所示。

图 3-71 "任务管理器"窗口

Step 03 选择"启动"选项卡，进入"启动"界面，在其中可以看到系统中的开机启动项列表，如图3-72所示。

Step 04 选择开机启动项列表中需要禁用的启动项，单击"禁用"按钮，即可禁止该启动项开机自启，如图3-73所示。

图 3-72 "启动"选项卡

图 3-73 禁止开机启动项

第4章 远程控制攻防工具

随着计算机技术的发展及计算机功能的更加强大，计算机系统漏洞也相应地多起来。同时，越来越新的操作系统为满足用户的需求，在操作系统中加入了远程控制功能，这一功能本是方便用户的，但是却容易被黑客们利用。本章就来介绍远程控制工具的使用。

4.1　什么是远程控制

远程控制是在网络上由一台计算机（主控端/客户端）远距离去控制另一台计算机（被控端/服务器端）的技术，一般是指通过网络控制远端计算机，和操作自己的计算机一样。

远程控制一般支持LAN、WAN、拨号、互联网等网络方式。此外，有的远程控制软件还支持通过串口、并口等方式来对远程主机进行控制。随着网络技术的发展，目前很多远程控制软件提供通过Web页面以Java技术来控制远程计算机，这样可以实现不同操作系统下的远程控制。

远程控制的应用主要体现在如下几个方面。

（1）远程办公。远程办公方式不仅大大缓解了城市交通状况，还免去了人们上下班路上奔波的辛劳，更可以提高企业员工的工作效率和工作兴趣。

（2）远程技术支持。一般情况下，远距离的技术支持必须依赖技术人员和用户之间的电话交流来进行，这种交流既耗时又容易出错。有了远程控制技术，技术人员就可以远程控制用户的计算机，就像直接操作本地计算机一样，只需要用户的简单帮助就可以看到该机器存在问题的第一手材料，能够很快找到问题所在并加以解决。

（3）远程交流。商业公司可以依靠远程技术与客户进行远程交流。采用交互式的教学模式，通过实际操作来培训用户，从专业人员那里学习知识就变得十分容易。教师和学生之间也可以利用这种远程控制技术实现教学问题的交流，学生可以直接在计算机中进行演算和求解。在此过程中，教师能够全程看到学生的解题思路和步骤，并加以实时的指导。

（4）远程维护和管理。网络管理员或者普通用户可以通过远程控制技术对远端计算机进行安装和配置软件、下载并安装软件修补程序、配置应用程序和系统软件设置等操作。

4.2　Windows远程桌面功能

远程桌面功能是Windows系统自带的一种远程管理工具。它具有操作方便、直观等特征。如果目标主机开启了远程桌面连接功能，就可以在网络中的其他主机上连接控制这台目标主机了。

4.2.1　开启Windows远程桌面功能

在Windows系统中开启远程桌面的具体操作步骤如下。

Step 01 右击"此电脑"图标，在弹出的快捷菜单中选择"属性"选项，打开"系统"窗口，如图4-1所示。

Step 02 单击"远程设置"链接，打开"系统属性"对话框，在其中勾选"允许远程协助连接这台计算机"复选框，设置完毕后，单击"确定"按钮，完成设置，如图4-2所示。

图 4-1 "系统"窗口

图 4-2 "系统属性"对话框

Step 03 单击"⊞"→"Windows附件"→ "远程桌面连接"菜单项,打开"远程桌面连接"窗口,如图4-3所示。

图 4-3 "远程桌面连接"窗口

Step 04 单击"显示选项"按钮,展开即可看到选项的具体内容。在"常规"选项卡中的"计算机"下拉文本框中输入需要远程连接的计算机名称或IP地址;在"用户名"文本框中输入相应的用户名,如图4-4所示。

图 4-4 输入连接计算机信息

Step 05 选择"显示"选项卡,在其中可以设置远程桌面的大小、颜色等属性,如图4-5所示。

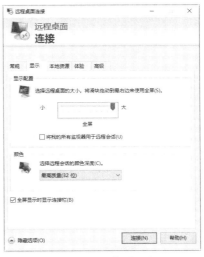

图 4-5 "显示"选项卡

Step 06 如果需要远程桌面与本地计算机文件进行传递,则需在"本地资源"选项卡下设置相应的属性,如图4-6所示。

图 4-6 "本地资源"选项卡

Step 07 单击"详细信息"按钮，打开"本地设备和资源"对话框，在其中勾选需要的驱动器后，单击"确定"按钮返回"远程桌面设置"窗口，如图4-7所示。

图 4-7 选择驱动器

Step 08 单击"连接"按钮，进行远程桌面连接，如图4-8所示。

图 4-8 远程桌面连接

Step 09 打开"远程桌面连接"对话框，在其中显示正在启动远程连接，如图4-9所示。

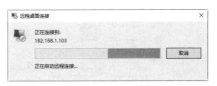

图 4-9 正在启动远程连接

Step 10 启动远程连接完成后，将打开"Windows安全性"对话框。在"用户名"文本框中输入登录用户的名称；在"密码"文本框中输入登录密码，如图4-10所示。

图 4-10 输入密码

Step 11 单击"确定"按钮，会打开一个信息提示框，提示用户是否继续连接，如图4-11所示。

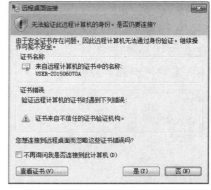

图 4-11 信息提示框

Step 12 单击"是"按钮，即可登录远程计算机桌面，此时即可在该远程桌面上进行任何操作，如图4-12所示。

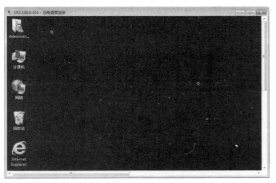

图 4-12 登录远程桌面

另外，在需要断开远程桌面连接时，只需在本地计算机中单击远程桌面连接窗口上的"关闭"按钮，打开"断开与远程桌面服务会话的连接"提示框，单击"确定"按钮即可断开远程桌面连接，如图4-13所示。

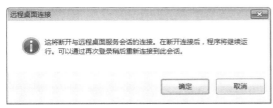

图 4-13 断开信息提示框

提示：在进行远程桌面连接之前，需要双方都勾选"允许远程用户连接到此计算机"复选框，否则将无法成功创建连接。

4.2.2 关闭Windows远程桌面功能

关闭Windows远程桌面功能是防止黑客远程入侵系统的首要工作，具体的操作步骤如下。

Step 01 打开"系统属性"对话框，选择"远程"选项卡，如图4-14所示。

Step 02 取消"允许远程协助连接这台计算机"复选框，选中"不允许连接到此计算机"单选按钮，然后单击"确定"按钮，可关闭Windows系统的远程桌面功能，如图4-15所示。

图 4-14 "系统属性"对话框

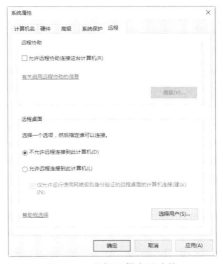

图 4-15 关闭远程桌面功能

4.3 QuickIP远程控制工具

对于网络管理员来说，往往需要使用一台计算机对多台主机进行管理，此时就需要用到多点远程控制技术，而QuickIP就是一款具有多点远程控制技术功能的工具。

4.3.1 设置QuickIP服务端

由于QuickIP工具是将服务器端与客户

端合并在一起的，所以在计算机中都是服务器端和客户端一起安装的，这也是实现一台服务器可以同时被多个客户机控制、一个客户机也可以同时控制多个服务器的原因所在。

配置QuickIP服务器端的具体操作步骤如下。

Step 01 在QuickIP成功安装后，打开"QuickIP安装完成"对话框，在其中可以设置是否启动QuickIP客户机和服务器，在其中勾选"立即运行QuickIP服务器"复选框，如图4-16所示。

图 4-16 "QuickIP 安装完成"对话框

Step 02 单击"完成"按钮，打开"请立即修改密码"提示框，为了实现安全的密码验证登录，QuickIP设定客户端必须知道服务器的登录密码才能进行登录控制，如图4-17所示。

图 4-17 提示修改密码

Step 03 单击"确定"按钮，打开"修改本地服务器的密码"对话框，在其中输入要设置的密码，如图4-18所示。

Step 04 单击"确认"按钮，可看到"密码修改成功"提示框，如图4-19所示。

Step 05 单击"确定"按钮，打开"QuickIP服务器管理"对话框，在其中可看到"服务器启动成功"提示信息，如图4-20所示。

图 4-18 输入密码　　　图 4-19 密码修改成功

图 4-20 服务器启动成功

4.3.2 设置QuickIP客户端

在设置完服务端之后，就需要设置QuickIP客户端。设置客户端相对比较简单，主要是在客户端中添加远程主机，具体的操作步骤如下。

Step 01 单击"■"→QuickIP→"QuickIP客户机"菜单项，打开"QuickIP客户机"主窗口，如图4-21所示。

图 4-21 "QuickIP 客户机"主窗口

Step 02 单击工具栏中的"添加主机"按钮，打开"添加远程主机"对话框。在"主机"文本框中输入远程主机的IP地址，在"端口"和"密码"文本框中输入在服务器端设置的信息，如图4-22所示。

图 4-22　"添加远程主机"对话框

Step 03 单击"确定"按钮，可在"QuickIP客户机"主窗口中的"远程主机"下看到刚刚添加的IP地址了，如图4-23所示。

图 4-23　添加 IP 地址

Step 04 单击该IP地址后，从展开的控制功能列表中可看到远程控制功能十分丰富，这表示客户端与服务器端的连接已经成功了，如图4-24所示。

图 4-24　客户端与服务器端连接成功

4.3.3　实现远程控制

在成功添加远程主机之后，就可以利用QuickIP工具对其进行远程控制。这里只介绍几个QuickIP常用的功能，实现远程控制的具体步骤如下。

Step 01 在192.168.0.109：7314栏目下单击"远程磁盘驱动器"选项，打开"登录到远程主机"对话框，在其中输入设置的端口和密码，如图4-25所示。

图 4-25　输入端口和密码

Step 02 单击"确认"按钮，可看到远程主机中的所有驱动器。单击其中的D盘，可看到其中包含的文件，如图4-26所示。

图 4-26　成功连接远程主机

Step 03 单击"远程控制"选项下的"屏幕控制"子项，稍等片刻后即可看到远程主机的桌面，在其中可通过鼠标和键盘来完成对远程主机的控制，如图4-27所示。

Step 04 单击"远程控制"选项下的"远程主机信息"子项，打开"远程信息"窗口，在其中可看到远程主机的详细信息，如图4-28所示。

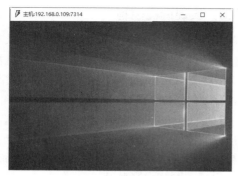

图 4-27　远程主机的桌面

图 4-28　"远程信息"窗口

Step 05 如果要结束对远程主机的操作，为了安全起见就应该关闭远程主机了。单击"远程控制"选项下的"远程关机"子项，打开如图4-29所示的对话框。单击"是"按钮，可关闭远程主机。

图 4-29　信息提示框

Step 06 在192.168.0.109：7314栏目下单击"远程主机进程列表"选项，在其中可看到远程主机中正在运行的进程，如图4-30所示。

Step 07 在192.168.0.109：7314栏目下单击"远程主机装载模块列表"选项，在其中可看到远程主机中装载模块列表，如图4-31所示。

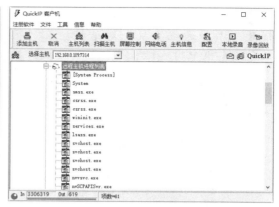

图 4-30　远程主机进程列表信息

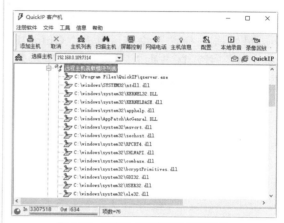

图 4-31　远程主机装载模块列表信息

Step 08 在192.168.0.109：7314栏目下单击"远程主机的服务列表"选项，在其中可看到远程主机中正在运行的服务，如图4-32所示。

图 4-32　远程主机的服务列表信息

4.4　灰鸽子远程控制工具

在利用灰鸽子远程控制工具连接目标主机之前，需要事先配置一个灰鸽子服务端程序，在被控制的主机上运行，这样才能从远程进行控制。

4.4.1　配置灰鸽子服务端

配置灰鸽子服务端的具体操作步骤如下。

Step 01 下载并解压缩灰鸽子压缩文件，双击解压之后的可执行文件，打开灰鸽子操作主界面，如图4-33所示。

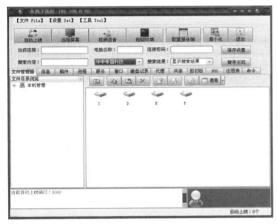

图4-33　灰鸽子操作主界面

Step 02 在灰鸽子主操作界面中选择"文件File"→"配置服务程序"菜单项，打开"服务端配置"对话框，在"自动上线"选项卡中，可以对上线图像、上线分组、上线备注、连接密码等项目进行设置，如图4-34所示。

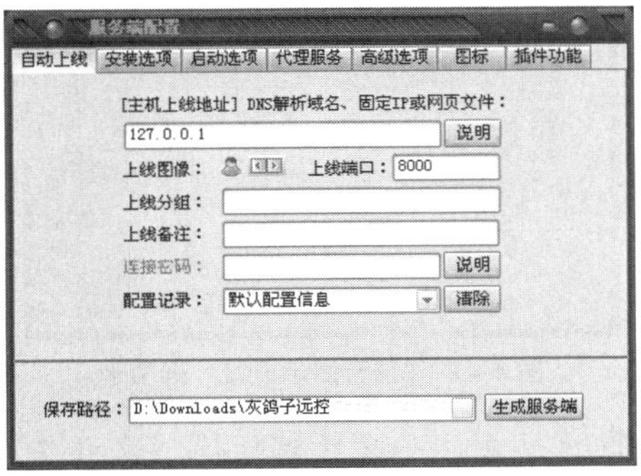

图4-34　"服务端配置"对话框

Step 03 选择"安装选项"选项卡，可在打开的设置界面中对安装路径、DLL文件名、文件属性以及服务端安装成功后的运行情况等进行设置，如图4-35所示。

图4-35　"安装选项"选项卡

Step 04 选择"启动选项"选项卡，可在打开的设置界面中对服务端运行时的显示名称、服务名称及描述信息等进行设置，如图4-36所示。

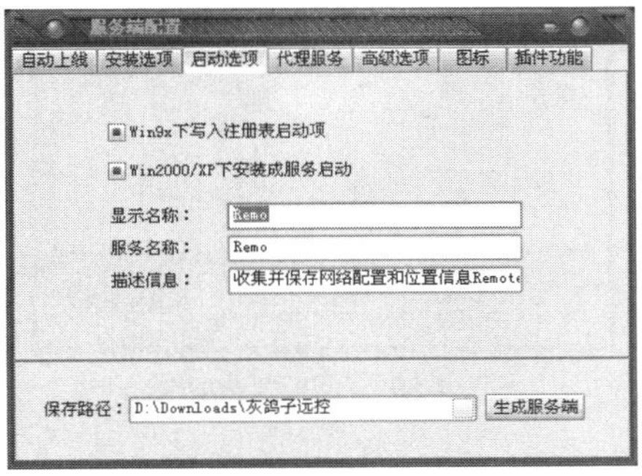

图4-36　"启动选项"选项卡

Step 05 选择"代理服务"选项卡，可在打开的设置界面中对开放时是否启用代理，启用何种代理进行设置，如图4-37所示。

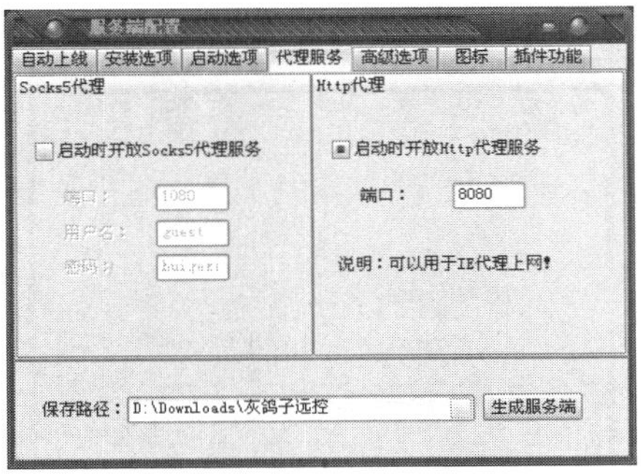

图4-37　"代理服务"选项卡

Step 06 选择"高级选项"选项卡，可在打开的设置界面中对是否在启动时隐藏运行后的exe进程、是否隐藏服务端的安装文件和进程插入选项等进行设置，如图4-38所示。

图4-38 "高级选项"选项卡

Step 07 选择"图标"选项卡，可在打开的设置界面中对服务器使用的图标进行设置，如图4-39所示。

图4-39 "图标"选项卡

Step 08 如果想加载插件，还可以在"插件功能"选项卡中进行相应设置。一切设置完毕之后，在"保存路径"文本框中输入生成服务端程序的保存路径及文件名，单击"生成服务端"按钮，可生成服务端程序，如图4-40所示。

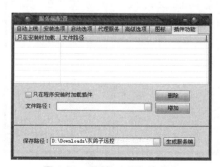

图4-40 "插件功能"选项卡

4.4.2 操作远程主机文件

配置好灰鸽子服务端后即可将服务端程序安装在目标主机中，当成功安装之后，就可以很容易地控制对方的计算机了。操作远程主机文件的具体操作步骤如下。

Step 01 在灰鸽子操作主界面中选择"设置Set"→"系统设置"菜单项，打开"系统设置"对话框，在该对话框中的"系统设置"选项卡下设置灰鸽子的自动检测和记录选项，在下方的"自动上线端口"文本框中输入自己在配置木马服务端时设置的端口号，设置完毕后，单击"应用改变"按钮，如图4-41所示。

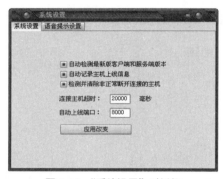

图4-41 "系统设置"对话框

Step 02 选择"语音提示设置"选项卡，在该选项卡下可以手动指定设置目标主机上线和下线时的声音，也可以设置一些操作完成时的提示音，这样在主机上线和下线时，就可以发出提醒声音，如图4-42所示。

图4-42 "语音提示设置"选项卡

Step 03 启动灰鸽子客户端软件，这样安装了灰鸽子服务端程序的主机就会自动上线，上线时就有提示音，并在软件左侧"文件目录浏览"区的"华中帝国科技"中，显示当前自动上线主机的数目，如图4-43所示。

图4-43 显示自动上线主机的数目

Step 04 单击展开"华中帝国科技"组，在其中选择某台上线的主机，将会显示该主机上的硬盘驱动器列表，如图4-44所示。

图4-44 显示目标主机驱动器信息

Step 05 选择某个驱动器，在右侧可以看到驱动器中的文件列表信息，在文件列表框中右击某个文件，在弹出的快捷菜单中可以像在本地资源管理器中操作一样，下载、新建、重命名、删除对方计算机中的文件，还可以把对方的文件上传到FTP服务器上保存，如图4-45所示。

Step 06 在灰鸽子软件操作界面中单击"远程屏幕"按钮，可打开远程桌面监视窗口，

在该窗口中实时显示了目标主机在桌面上的运行状态图片，如图4-46所示。

图4-45 文件列表信息

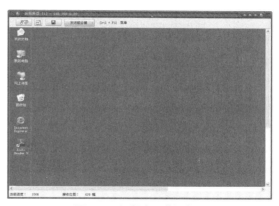

图4-46 远程桌面监视窗口

Step 07 在灰鸽子软件操作界面中单击"视频语音"按钮，打开"视频语音"对话框，这样就可以很轻松地开启目标主机的摄像头并查看到摄像头拍摄的画面，如图4-47所示。

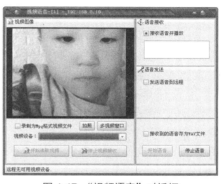

图4-47 "视频语音"对话框

Step 08 在"视频语音"对话框中单击"开始语音"按钮，可开始监控接收声音，也可以勾选"接收到的语音存为WAV文件"复选框，将远程声音监控保存为本地音频文件，如图4-48所示。

下方选择"剪贴板"选项卡，打开"剪贴板"设置界面，如图4-51所示。

图 4-48　开始监控接收声音

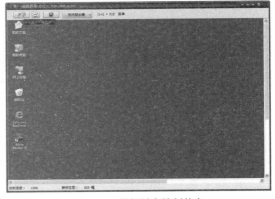

图 4-49　鼠标键盘控制状态

4.4.3　控制远程主机鼠标键盘

有时，在自己的计算机中了木马之后，常常会出现鼠标不受控制、乱单击程序或删除文件的现象，这是由于攻击者用木马抢夺了用户的鼠标键盘控制权，让鼠标键盘只听从攻击者的命令。下面就来介绍一下如何利用灰鸽子服务端程序来远程控制计算机鼠标键盘的操作，具体的控制过程如下。

Step 01 在控制了远程主机的桌面屏幕后，单击"工具Tool"栏里的"传送鼠标和键盘"按钮，就可以切换到鼠标键盘控制状态。此时，在窗口中显示的桌面上单击鼠标即可直接操作远程主机桌面，与在本地操作一样，如图4-49所示。

Step 02 在远程控制桌面窗口中单击"工具Tool"栏里的"发送组合键"按钮，在其下拉菜单中选择发送各种组合键命令，比如切换输入法、调出任务管理器等，如图4-50所示。

Step 03 有时远程主机会通过剪贴板复制粘贴各种账号密码等，攻击者可以监视控制远程主机的剪贴板，选择要监视的主机，在

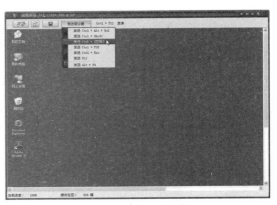

图 4-50　发送组合键命令

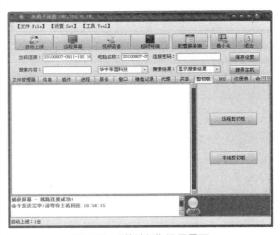

图 4-51　"剪贴板"设置界面

Step 04 单击右侧的"远程剪贴板"按钮即可发送一条读取命令，会在下方显示远程剪

贴板中复制的文本内容，如图4-52所示。

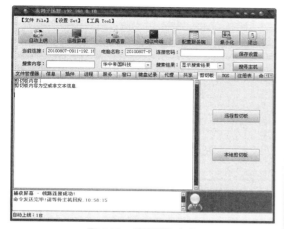

图 4-52 发送读取命令

4.4.4 修改控制系统设置

灰鸽子服务端有个强大的系统控制能力，可以随意地获取并修改远程主机的系统信息和设置。灰鸽子服务端修改控制系统设置的操作步骤如下。

Step 01 选择要控制的远程主机后，选择"信息"选项卡，在打开的界面中单击右侧的"系统信息"按钮，可获得该远程主机的详细系统状态，包括CUP、内存情况、远程主机系统版本、补丁状态和主机名、登录用户等，如图4-53所示。

图 4-53 查看远程主机信息

Step 02 选择"进程"选项卡，在打开的界面

中单击右侧的"查看进程"按钮，可查看当前系统中所有正在运行的程序进程名称列表，如果发现危险进程，则可选中该进程后，单击右侧的"终止进程"按钮，如图4-54所示。

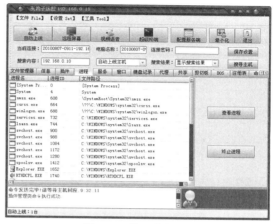

图 4-54 管理系统进程

Step 03 选择"服务"选项卡，在打开的界面中单击"查看服务"按钮，可查看当前系统中所有正在运行的服务列表信息，在列表中选择某个服务后，可以设置当前服务是启动或关闭，并设置服务的属性为手动、自动或禁止，如图4-55所示。

图 4-55 管理远程主机服务

Step 04 选择"插件"选项卡，在打开的界面中单击"刷新现有插件"按钮，可查看当前系统中所有正在运行的插件，在列表中选中某个插件后，可以启动、停止该插

件，或查看插件的结果，如图4-56所示。

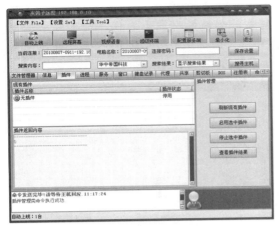

图4-56　当前系统插件信息

Step 05 选择"窗口"选项卡，在打开的界面中单击"查看窗口"按钮，可查看当前系统中所有正在运行的窗口列表，在列表中选中某个窗口后，可以关闭、隐藏、显示、禁用、恢复该窗口，如图4-57所示。

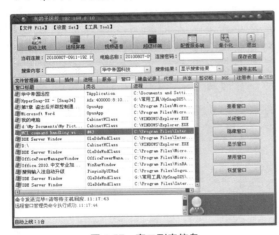

图4-57　窗口列表信息

Step 06 选择"键盘记录"选项卡，在打开的界面中单击"启用键盘记录"按钮，可启动中文记录命令，如图4-58所示。

Step 07 选择"代理"选项卡，在打开的界面中可以看到灰鸽子为用户提供了两个代理，即Socks5代理和HTTP代理，单击Socks5代理设置区域中的"开启服务"按钮即可启动代理，如图4-59所示。

图4-58　键盘记录信息

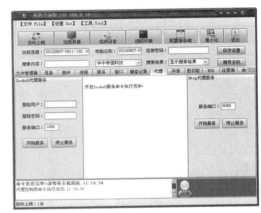

图4-59　"代理"选项卡

Step 08 选择"共享"选项卡，在打开的界面中单击"查看共享信息"按钮，可启动共享管理命令，在左侧的窗格中列出了共享的信息，同时，还可以新建共享、删除共享，如图4-60所示。

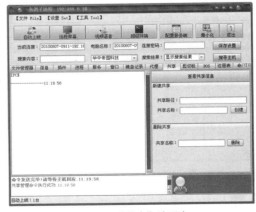

图4-60　"共享"选项卡

Step 09 选择DOS选项卡，在打开的界面中的"DOS命令"文本框中输入相应的命令，然后单击"远程运行"按钮，启动MS-DOS模拟命令，如图4-61所示。

图 4-61 "DOS"选项卡

Step 10 选择"注册表"选项卡，在打开的界面中单击"远程电脑"前面的"+"号按钮，展开注册表相应的键值列表，可查看远程主机的注册表信息，如图4-62所示。

图 4-62 "注册表"选项卡

Step 11 选择"命令"选项卡，在打开的界面中会显示当前主机的IP地址、地理位置、系统版本、CPU、内存、计算机名称、上线时间、安装日期、插入进程、服务端版本、备注等信息，如图4-63所示。

Step 12 灰鸽子还为用户提供了Telnet远程命令控制，单击灰鸽子工具栏上的"超级终端"按钮，打开"Telnet命令"窗口，在该窗口中可以执行各种命令，与本地命令窗口一样，如图4-64所示。

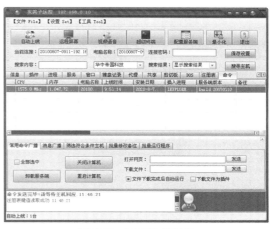

图 4-63 "命令"选项卡

图 4-64 "Telnet 命令"窗口

4.5 防范远程控制工具

要想使自己的计算机不受远程控制入侵的困扰，就需要用户对自己的计算机进行相应的保护操作了，如开启系统防火墙或安装相应的防火墙工具等。

4.5.1 开启系统Windows防火墙

为了更好地进行网络安全管理，Windows系统特意为用户提供了防火墙功能。如果能够巧妙地使用该功能，就可以根据实际需要允许或拒绝网络信息通过，从而达到防范攻击、保护系统安全的目的。

使用Windows自带防火墙的具体操作步骤如下。

Step 01 在"控制面板"窗口中双击"Windows防火墙"图标项，打开"Windows防火墙"对话框，在对话框中显示此时Windows防火墙已经被开启，如图4-65所示。

图4-65 "Windows防火墙"窗口

Step 02 单击"允许程序或功能通过Windows防火墙"链接，在打开的窗口中可以设置哪些程序或功能允许通过Windows防火墙访问外网，如图4-66所示。

图4-66 "允许的应用"窗口

Step 03 单击"更改通知设置"或"启用或关闭Windows防火墙"链接，在打开的窗口中可以开启或关闭防火墙，如图4-67所示。

Step 04 单击"高级设置"链接，进入"高级设置"窗口，在其中可以对入站、出站、连接安全等规则进行设定，如图4-68所示。

图4-67 "自定义设置"窗口

图4-68 "高级安全 Windows 防火墙"窗口

4.5.2 关闭远程注册表管理服务

远程控制注册表主要是为了方便网络管理员对网络中的计算机进行管理，但这样却给黑客入侵提供了方便。因此，必须关闭远程注册表管理服务，具体的操作步骤如下。

Step 01 在"控制面板"窗口中双击"管理工具"选项，进入"管理工具"窗口，如图4-69所示。

图4-69 "管理工具"窗口

Step 02 从中双击"服务"选项，打开"服务"窗口，在其中可看到本地计算机中的所有服务，如图4-70所示。

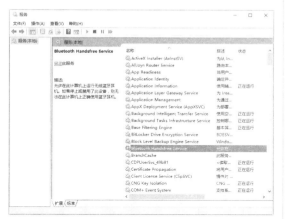

图4-70　"服务"窗口

Step 03 在"服务"列表中选中Remote Registry选项并右击，在弹出的快捷菜单中选择"属性"选项，打开"Remote Registry的属性"对话框，如图4-71所示。

图4-71　"Remote Registry 的属性"对话框

Step 04 单击"停止"按钮，打开"服务控制"提示框，提示Windows正在尝试停止本地计算上的一些服务，如图4-72所示。

图4-72　"服务控制"提示框

Step 05 在服务停止完毕之后，返回"Remote Registry的属性"对话框，此时即可看到"服务状态"已变为"已停止"，单击"确定"按钮，完成关闭"允许远程注册表操作"服务的操作，如图4-73所示。

图 4-73　关闭远程注册表操作

4.6　实战演练

4.6.1　实战1：强制清除管理员账户密码

在Windows中提供了net user命令，利用该命令可以强制修改用户账户的密码，来达到进入系统的目的，具体的操作步骤如下。

Step 01 首先启动计算机，在出现开机画面后按F8键，进入"Windows高级选项菜单"界面，在该界面中选择"带命令行提示的安全模式"选项，如图4-74所示。

图 4-74　"Windows 高级选项菜单"界面

Step 02 运行过程结束后，系统列出了系统超级用户Administrator和本地用户的选择菜单。单击Administrator，进入命令行模式。如图4-75所示。

图 4-75 "切换到本地账户"对话框

Step 03 键入命令：net user Administrator 123456 /add，强制将Administrator用户的口令更改为123456，如图4-76所示。

图 4-76 "Windows 高级选项菜单"界面

Step 04 重新启动计算机，选择正常模式下运行即可用更改后的口令123456登录Administrator用户，如图4-77所示。

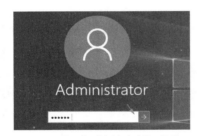

图 4-77 "切换到本地账户"对话框

4.6.2 实战2：绕过密码自动登录操作系统

在安装Windows 10操作系统当中，需要用户事先创建好登录账户与密码才能完成系统的安装，那么如何才能绕过密码而自动登录操作系统呢？具体的操作步骤如下。

Step 01 单击"▦"按钮，在弹出的"开始"屏幕中选择"运行"菜单命令，如图4-78所示。

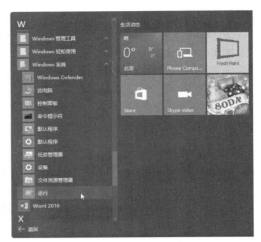

图 4-78 "运行"菜单命令

Step 02 打开"运行"对话框，在"打开"文本框中输入control userpasswords2命令，如图4-79所示。

图 4-79 "运行"对话框

Step 03 单击"确定"按钮，打开"用户账户"对话框，在其中取消"要使用本计算机，用户必须输入用户名和密码"复选框的选中状态，如图4-80所示。

图 4-80 "用户账户"对话框

Step 04 单击"确定"按钮，打开"自动登录"对话框，在其中输入本台计算机的用户名、密码信息，如图4-81所示。单击"确定"按钮，这样重新启动本台计算机后，系统就会不用输入密码而自动登录了。

图 4-81 输入密码

第5章　文件加密解密工具

文件和文件夹是计算机磁盘空间里面为了分类储存电子文件而建立独立路径的目录,文件夹就是一个目录名称。如何才能做到文件及文件夹的绝对安全,是安全专家一直以来的研究方向。本章就来介绍一些文件及文件夹加密解密工具的使用。

5.1　文件和文件夹加密工具

文件夹不但可以包含文件,而且可以包含下一级文件夹或文件。为了保护文件夹的安全,还需要给文件或文件夹进行加密。

5.1.1　TTU图片保护专家

TTU图片保护专家是专门针对BMP、JPG等图片进行加密的、非联网验证的加密软件。它集成了文件加密、访问口令、视图缩放限制、防拷屏等功能,能够有效保护图片作者的权益。软件采用先进的加密技术,复杂的加密算法,同时又优化了图片显示速度和显示模式,是优秀的图片加密与发布软件。

使用TTU图片保护专家软件对图片进行加密的操作步骤如下:

Step 01 下载并安装TTU图片保护专家,然后双击桌面上的"TTU-图片保护专家"快捷图标,打开"TTU-图片保护专家"主窗口,如图5-1所示。

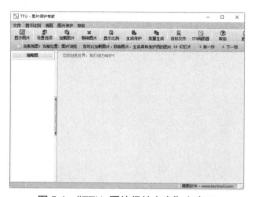

图 5-1　"TTU- 图片保护专家"主窗口

Step 02 在工具栏中单击"设置选项"按钮,进入"设置选项"窗口,在其中可设置目标文件的存放位置、保密等属性,如图5-2所示。

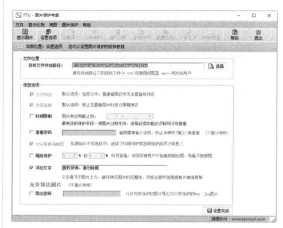

图 5-2　"设置选项"窗口

Step 03 单击"设置完成"按钮,打开如图5-3所示的提示框。

图 5-3　信息提示框

Step 04 单击"确定"按钮,打开"打开"对话框,选择要加密的图片,如图5-4所示。

Step 05 单击"打开"按钮,在"TTU-图片保护专家"主窗口可看到选择的图片,如图5-5所示。

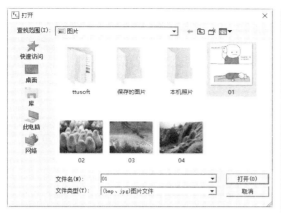

图 5-4 "打开"对话框

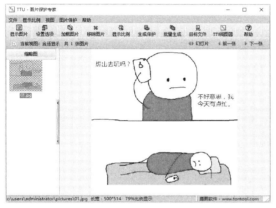

图 5-5 选择要加密的图片

Step 06 在工具栏中单击"生成保护"按钮即可进行加密，待加密完毕后，可看到"生成保护文件成功"提示框，如图5-6所示。

图 5-6 信息提示框

Step 07 在TTU-图片保护专家工具中还可以同时对多张图片进行加密，即批量加密。在"TTU-图片保护专家"主窗口中的工具栏中单击"加载图片"按钮，打开"打开"对话框，按住Ctrl键选择要加密的文件，如图5-7所示。

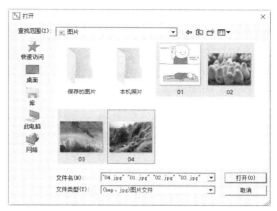

图 5-7 选择多个要加密的图片

Step 08 单击"打开"按钮，可在"TTU-图片保护专家"主窗口左边的缩略图列表中看到选择的图片，单击某个图片，可在右边的窗口中看到该图片的具体效果，如图5-8所示。

图 5-8 查看图片

Step 09 在工具栏中单击"批量生成"按钮，进行批量加密，待加密完毕后即可看到"生成保护文件成功"提示框，在其中可看到成功加密的图片文件个数，如图5-9所示。

图 5-9 信息提示框

Step 10 如果想查看加密后输出文件，则可在"TTU-图片保护专家"主窗口选择"图片加密"→"查看输入文件"菜单项，打开输出文件所在的文件夹，在其中即可看到所有的加密图片文件，如图5-10所示。

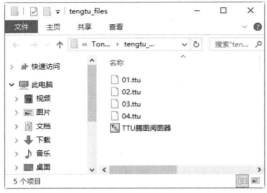

图 5-10　查看批量加密图片

5.1.2　通过分割加密文件

为了保护自己文件的安全，可以将其分割成几个文件，并在分割的过程中进行加密，这样黑客面临分割后的文件就束手无策了。

Chop能够按照用户想要的文件数量分割文件，也可以使用预设的用于电子邮件、软盘、Zip盘、CD等的通用大小分割文件。Chop能以向导或普通界面劈分和合并文件，并支持保留文件时间和属性、CRC、命令行操作甚至简单加密。

使用Chop分割和合并文件的具体操作步骤如下。

Step 01 下载Chop工具后，解压并运行其中的Chop.exe文件，打开Chop窗口，如图5-11所示。

Step 02 单击"选择"按钮，打开"打开"对话框，在其中选择要分割的文件，如图5-12所示。

Step 03 单击"打开"按钮，返回Chop窗口，可以看到添加的分割文件，如图5-13所示。

图 5-11　Chop 窗口

图 5-12　选择要分割的文件

图 5-13　添加的分割文件

Step 04 勾选"加密"复选框，并在后面的文本框中输入加密的密码，最后设置输出的目标位置，如图5-14所示。

图 5-14 输入加密的密码

Step 05 单击"开始劈分"按钮，开始进行分割文件的操作，待分割完成后即可看到"已完成"对话框，如图5-15所示。

图 5-15 分割完成

Step 06 单击"继续"按钮，完成劈分文件的操作，此时打开设置的输出目标文件夹即可看到劈分后的文件，如图5-16所示。

图 5-16 查看劈分后的文件

Step 07 在Chop软件中还可以使用向导劈分文件，在Chop窗口中单击"向导"按钮，打开"选择文件"对话框，如图5-17所示。

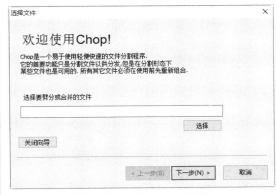

图 5-17 "选择文件"对话框

Step 08 单击"选择"按钮，在打开的对话框中选择要劈分的文件，然后单击"下一步"按钮，打开"劈分模式"对话框，设置分发/存储方式，如图5-18所示。

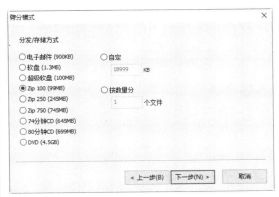

图 5-18 "劈分模式"对话框

Step 09 单击"下一步"按钮，打开"选择目标位置"对话框，在"劈分/合并的文件存储位置"栏目中选中"在选中文件夹中创建同名的文件夹"单选按钮，如图5-19所示。

Step 10 单击"选择"按钮，选择劈分文件的存储位置，然后单击"下一步"按钮，打开"选项"对话框，选中"使用Chop"单选按钮，勾选"使用CRC"和"加密"复选框，并在后面的文本框中输入相应的密码，如图5-20所示。

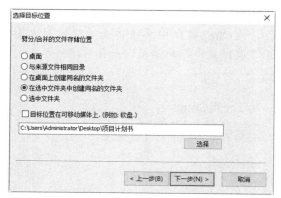

图 5-19 "选择目标位置"对话框

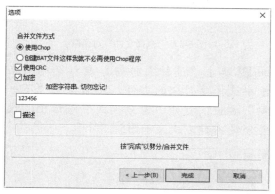

图 5-20 "选项"对话框

Step 11 单击"完成"按钮，开始进行劈分文件的操作，待劈分文件完成后即可看到"已完成"对话框，如图5-21所示。

图 5-21 "已完成"对话框

Step 12 也可以使用Chop软件合并劈分后的文件，在Chop窗口中单击"要劈分/合并的文件"栏目中的"选择"按钮，打开"打开"对话框，选择要合并的文件，这里必须选择chp类型的文件，如图5-22所示。

Step 13 单击"确定"按钮即可返回Chop窗口，然后设置合并后文件的存储位置，如图5-23所示。

图 5-22 "打开"对话框

图 5-23 设置存储位置

Step 14 单击"开始合并"按钮，开始进行合并文件的操作，待分割完成后即可看到"已完成"对话框，如图5-24所示。

图 5-24 完成合并文件操作

5.1.3 文件夹加密超级大师

文件夹加密超级大师是一款功能强大的文件加密和文件夹加密软件，具有文件加密、文件夹加密和数据粉碎等功能。使用文件夹加密超级大师软件进行加密的具体操作步骤如下。

Step 01 下载并安装文件夹加密超级大师软件后，双击桌面上的快捷图标，打开"文件夹加密超级大师"主窗口，如图5-25所示。

图 5-25 "文件夹加密超级大师"主窗口

Step 02 单击工具栏中的"文件夹加密"按钮，打开"浏览文件夹"对话框，选择要加密的文件夹，如图5-26所示。

图 5-26 "浏览文件夹"对话框

Step 03 单击"确定"按钮，打开"加密文件夹"对话框，输入要设置的密码，如图5-27所示。

Step 04 单击"加密"按钮即可进行加密，待加密完成后，可在"文件夹加密超级大师"主窗口中的"文件夹"列表中看到成功加密的文件夹，如图5-28所示。

图 5-27 输入要设置的密码

图 5-28 成功加密的文件夹

💡**提示**：加密后的文件夹具有最高的加密强度，并且防删除、防复制、防移动，还有方便的打开功能（临时解密），让每次使用加密文件夹或加密文件后不用重新加密。

Step 05 双击使用"文件夹加密超级大师"加密的文件夹，打开"请输入密码"对话框，在其中输入设置的密码才可以临时解密并打开该文件夹，如果单击"解密"按钮则可进行解密操作，如图5-29所示。

图 5-29 输入密码

Step 06 在"文件夹加密超级大师"工具中还可以对单个文件进行加密。在"文件夹加密超级大师"主窗口中单击"文件加密"按钮，打开"打开"对话框，选择要加密的文件，如图5-30所示。

图 5-30 选择要加密的文件

Step 07 单击"打开"按钮，打开"加密文件"对话框，在其中设置加密密码和加密类型，如图5-31所示。

图 5-31 "加密文件"对话框

Step 08 单击"加密"按钮即可进行加密，待加密完成后，可在"文件夹加密超级大师"主窗口中的"文件"列表中看到成功加密的文件，如图5-32所示。

图 5-32 成功加密的文件

Step 09 双击其中的文件名，同样可以打开"请输入密码"对话框，只有在"密码"文本框中输入正确的密码，才可以打开该文件，如图5-33所示。

图 5-33 "请输入密码"对话框

Step 10 在"文件夹加密超级大师"工具中还将文件夹伪装成特定的图标。在"文件夹加密超级大师"主窗口中单击"文件夹伪装"按钮，打开"浏览文件夹"对话框，选择要伪装的文件夹，如图5-34所示。

图 5-34 "浏览文件夹"对话框

Step 11 单击"确定"按钮，打开"请选择伪装类型"对话框，在其中勾选"html文件"复选框，如图5-35所示。

图 5-35 选择伪装类型

Step 12 单击"确定"按钮，打开"文件夹伪装成功"对话框，如图5-36所示。

图 5-36 "文件夹伪装成功"对话框

Step 13 单击"确定"按钮即可完成伪装文件夹操作，如图5-37所示。

图 5-37　完成伪装文件夹操作

Step 14 在"文件夹加密超级大师"主窗口中单击"软件设置"按钮，打开"高级设置"对话框，在其中可以为该软件设置密码及其他属性，如图5-38所示。

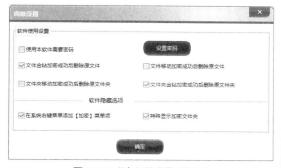

图 5-38　"高级设置"对话框

5.2　办公文档加密工具

用户要想保护自己的文件密码不被破解，最简单的方式就是给各类文件加上比较复杂的密码，如密码包括数字、字母或特殊符号等，并且密码的长度最好超过8个字符。

5.2.1　加密Word文档

Word文档自身就提供了简单的加密功能，可以通过Word文档所提供的"选项"功能轻松实现文档的密码设置。具体的操作步骤如下。

Step 01 打开一个需加密的文档，选择"文件"选项卡，在打开的"文件"界面中选择"另存为"选项，然后选择文件保存的位置为"这台电脑"，如图5-39所示。

图 5-39　"文件"界面

Step 02 单击"浏览"按钮，打开"另存为"对话框，在其中单击"工具"按钮，在弹出的下拉列表中选择"常规选项"，如图5-40所示。

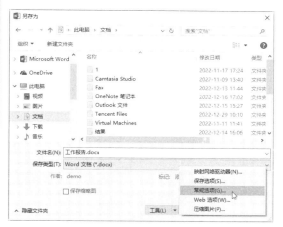

图 5-40　"另存为"对话框

Step 03 打开"常规选项"对话框，在其中设置打开当前文件时的密码及修改当前文件时的密码（这两个密码可以相同，也可以不同），如图5-41所示。

Step 04 输入完毕后，单击"确定"按钮，打开"确认密码"对话框，在"请再次键入打开文件时的密码"文本框中输入打开该文件的密码，如图5-42所示。

图 5-41 "常规选项"对话框

图 5-42 "确认密码"对话框

Step 05 单击"确定"按钮，打开"确认密码"对话框，在"请再次键入修改文件时的密码"文本框中输入修改该文件的密码，如图5-43所示。

图 5-43 "确认密码"对话框

Step 06 单击"确定"按钮，返回"另存为"对话框，在"文件名"文本框中输入保存文件的名称，如图5-44所示。

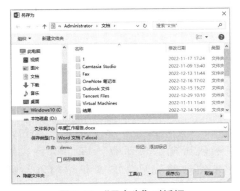

图 5-44 "另存为"对话框

Step 07 单击"保存"按钮，可将打开的Word文档保存起来。当再次打开时，将会打开"密码"对话框，在其中会提示用户键入打开文件所需的密码，如图5-45所示。

图 5-45 "密码"对话框

5.2.2 加密Excel文档

Excel文档自身提供了简单的设置密码加密功能，使用其自身功能加密解密文件的具体操作步骤如下。

1. 加密解密Excel工作表

Step 01 打开需要保护当前工作表的工作簿，单击"文件"选项卡，在打开的列表中选择"信息"选项，在"信息"区域单击"保护工作簿"按钮，在弹出的下拉菜单中选择"保护当前工作表"选项，如图5-46所示。

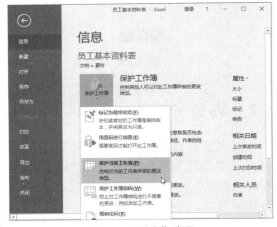

图 5-46 "信息"选项

Step 02 打开"保护工作表"对话框，系统默认勾选"保护工作表及锁定的单元格内容"复选框，也可以在"允许此工作表的所有用户进行"列表中选择允许修改的选项，如图5-47所示。

图 5-47　"保护工作表"对话框

Step 03 单击"确定"按钮，打开"确认密码"对话框，在此输入密码，单击"确定"按钮，如图5-48所示。

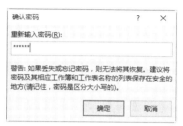

图 5-48　"确认密码"对话框

Step 04 返回Excel工作表中，双击任一单元格进行数据修改，则会打开如图5-49所示的提示框。

图 5-49　信息提示框

Step 05 如果要取消对工作表的保护，可单击"信息"选项卡，然后在"保护工作簿"选项中，单击"取消保护"超链接即可，如图5-50所示。

Step 06 在打开的"撤销工作表保护"对话框中，输入设置的密码，单击"确定"按钮取消保护，如图5-51所示。

2. 加密解密工作簿

Step 01 打开需要密码进行加密的工作簿。单

击"文件"选项卡，在打开的列表中选择"信息"选项，在"信息"区域单击"保护工作簿"按钮，在弹出的下拉菜单中选择"用密码进行加密"选项，如图5-52所示。

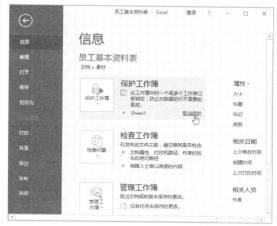

图 5-50　"信息"选项卡

图 5-51　"撤销工作表保护"对话框

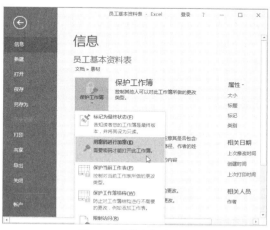

图 5-52　"信息"选项卡

Step 02 打开"加密文档"对话框，输入密码，单击"确定"按钮，如图5-53所示。

Step 03 打开"确认密码"对话框，再次输入密码，单击"确定"按钮，如图5-54所示。

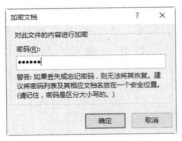

图 5-53 "加密文档"对话框

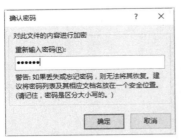

图 5-54 "确认密码"对话框

Step 04 为文档使用密码进行加密，在"信息"区域内显示已加密，如图5-55所示。

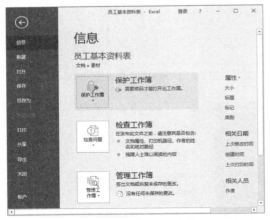

图 5-55 加密 Excel 文档

Step 05 再次打开文档时，将打开"密码"对话框，输入密码后单击"确定"按钮，打开工作簿，如图5-56所示。

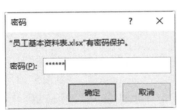

图 5-56 "密码"对话框

Step 06 如果要取消加密，在"信息"区域单击"保护工作簿"按钮，在弹出的下拉菜单中选择"用密码进行加密"选项，打开"加密文档"对话框，清除文本框中的密码，单击"确定"按钮即可取消工作簿的加密，如图5-57所示。

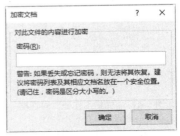

图 5-57 "加密文档"对话框

5.2.3 加密PDF文件

当利用Adobe Acrobat Professional来创建PDF文档时，作者可以使用口令安全性对其添加限制，以禁止打开、打印或编辑文档，包含这些安全限制的PDF文档被称为受限制的文档，具体的操作步骤如下。

Step 01 在制作好PDF文件内容后，选择"高级"→"安全性"→"使用口令加密"菜单项，如图5-58所示。

图 5-58 "使用口令加密"菜单项

Step 02 打开"口令安全性-设置"对话框，勾选"要求打开文档的口令"复选框，并在"文档打开口令"文本框中输入打开文档的口令，如图5-59所示。

图 5-59　"口令安全性 - 设置"对话框

Step 03 单击"确定"按钮，打开"确认文档打开口令"对话框，在"文档打开口令"文本框中再次输入打开的口令，如图5-60所示。

图 5-60　输入打开的口令

Step 04 单击"确定"按钮，打开"Acrobat安全性"对话框，提示用户安全性设置在您保存文档之后才能应用至本文档，如图5-61所示。

图 5-61　信息提示框

Step 05 单击"确定"按钮，保存创建好的PDF文档。再次打开创建好的PDF文档时，系统将打开"口令"对话框，如图5-62所示。

图 5-62　"口令"对话框

Step 06 在"输入口令"文本框中输入创建的口令密码，如图5-63所示。

图 5-63　输入口令密码

Step 07 单击"确定"按钮，打开该文档，如图5-64所示。

图 5-64　"文档属性"对话框

Step 08 如果需要查看或者修改安全性属性，则选择"高级"→"安全性"→"显示安全性属性"菜单项，打开"文档属性"对话框，在其中查看该文档属性，如图5-65所示。

图 5-65　"文档属性"对话框

Step 09 在其中单击"显示详细信息"按钮，打开"文档安全性"对话框，在其中查看文档的安全性属性，如图5-66所示。

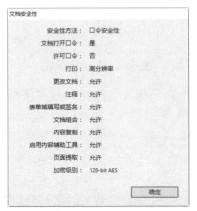

图 5-66 "文档安全性"对话框

Step 10 若在"文档属性"对话框中单击"更改设置"按钮，则可打开"口令安全性-设置"对话框，在其中可以对文档进行相应的修改，如图5-67所示。

图 5-67 "口令安全性 - 设置"对话框

💡提示：修改文档口令的安全性与设置文档口令的安全性相似，这里不再赘述。

5.3 办公文档解密工具

随着计算机和互联网的普及以及发展，越来越多的人习惯于把自己的隐私数据保存在个人计算机中，而黑客要想知道文件解密后的信息，就需要利用密码破解技术对其进行解密。

5.3.1 破解Word文档密码

Word Password Recovery可以帮助黑客快速破解Word文档密码，包括暴力破解、字典破解、增强破解三种方式。破解Word密码的具体操作步骤如下。

Step 01 下载并安装Word Password Recovery程序，打开Word Password Recovery操作界面，用户可以设置不同的解密方式，从而提高解密的针对性，加快解密速度，如图5-68所示。

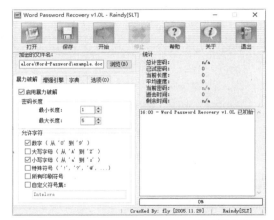

图 5-68 "Word Password Recovery"操作界面

Step 02 单击"浏览"按钮，打开"打开"对话框，在其中选择需要破解的文档，如图5-69所示。

图 5-69 "打开"对话框

Step 03 单击"打开"按钮,返回Word Password Recovery操作窗口,并在"暴力破解"选项卡下设置密码的长度、允许的字符,如图5-70所示。

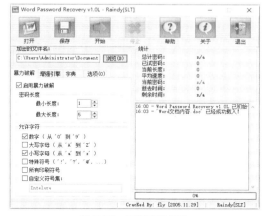

图 5-70 设置密码属性

Step 04 单击"开始"按钮,即可开始破解加密的Word文档,如图5-71所示。

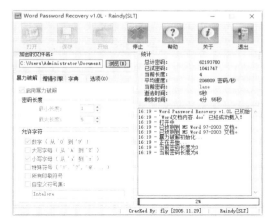

图 5-71 破解 Word 文档密码

Step 05 在破解完毕之后,将打开"密码已经成功恢复"对话框,并将相关信息显示在该对话框中,如图5-72所示。

图 5-72 "密码已经成功恢复"对话框

5.3.2 破解Excel文档密码

Excel Password Recovery是一款简单好用的Excel文档密码破解软件,可以帮助用户快速找回遗忘丢失的Excel文档密码,再也不用担心忘记密码了。

使用Excel Password Recovery破解Excel文档密码的操作步骤如下。

Step 01 下载并安装Excel Password Recover程序,打开Excel Password Recover操作界面,在"恢复"选项卡下用户可以设置攻击加密文档的类型,如图5-73所示。

图 5-73 "恢复"选项卡

Step 02 单击"打开"按钮,打开"打开文件"对话框,在其中选择需要破解的Excel文档,如图5-74所示。

图 5-74 "打开文件"对话框

Step 03 单击"打开"按钮,返回Excel Password Recovery操作窗口,如图5-75所示。

图 5-75　选择破解方式

Step 04 单击"开始"按钮，开始破解加密的Excel工作簿，如图5-76所示。

图 5-76　开始破解加密文件

Step 05 破解完毕之后，将打开"密码已经成功恢复"对话框，并将相关信息显示在该对话框中，如图5-77所示。

图 5-77　密码成功破解

5.3.3　破解PDF文件密码

APDFPR的全称为Advanced PDF Password Recovery，该软件主要用于破解受密码保护的PDF文档，能够瞬间完成解密过程。解密后的文档可以用任何PDF查看器打开，并能对其进行编辑、复制、打印等任意操作。

使用APDFPR破解PDF文档的具体操作步骤如下。

Step 01 启动APDFPR软件，在打开的操作界面中单击"打开"按钮，如图5-78所示。

图 5-78　APDFPR工作界面

Step 02 打开"打开"对话框，选择需要破解的PDF文档，单击"打开"按钮，如图5-79所示。

图 5-79　"打开"对话框

Step 03 返回软件主界面，在"攻击类型"下拉列表中选择破解方式为"暴力"，如图5-80所示。

Step 04 选择"范围"选项卡，勾选"所有大写拉丁文""所有小写拉丁文""所有数字"和"所有特殊符号"复选框，主要设置解密时密码的长度范围及允许参与密码组合的字符，如图5-81所示。

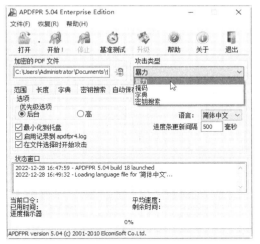

图 5-80　选择攻击类型

图 5-82　"长度"选项卡

图 5-83　"自动保存"选项卡

Step 05 选择"长度"选项卡，设置解密时密码的长度范围及允许参与密码组合的字符，如图5-82所示。

Step 06 选择"自动保存"选项卡，设置破解过程中自动保存的时间间隔，如图5-83所示。

Step 07 单击"开始"按钮，开始破解，相关破解信息将在"状态窗口"中显示，如图5-84所示。

图 5-81　"范围"选项卡

图 5-84　开始破解密码

Step 08 如果破解成功，则弹出相应的对话框，提示"口令已成功恢复！"信息，单击"确定"按钮，完成解密工作，如图5-85所示。

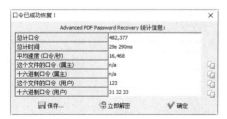

图 5-85　完成密码的破解

图 5-86　"添加到压缩文件"选项

5.4　压缩文件加密解密工具

压缩文件可以节省大量的磁盘空间，所以压缩文件的安全也很重要。确保压缩文件安全最常用的方法是给压缩文件添加密码，这样只有在知道密码的前提下才能进行解压和浏览压缩文件，从而确保文件的安全。本节将介绍压缩文件密码攻防方面的内容。

5.4.1　利用WinRAR加密压缩文件

WinRAR是一款功能强大的压缩包管理器，该软件可用于备份数据，缩减电子邮件附件的大小，解压缩从互联网上下载的RAR、ZIP 2.0及其他文件，并且可以新建RAR及ZIP格式的文件。

使用WinRAR的自身加密功能对文件进行加密的具体操作步骤如下。

Step 01 在计算机驱动器窗口中选中需要压缩并加密的文件并右击，在弹出的快捷菜单中选择"添加到压缩文件"选项，如图5-86所示。

Step 02 打开"压缩文件名和参数"对话框，在"压缩文件格式"文本框中选中"RAR"单选按钮，并在"压缩文件名"文本框中输入压缩文件的名称，如图5-87所示。

图 5-87　"压缩文件名和参数"对话框

Step 03 单击"设置密码"按钮，打开"带密码压缩"对话框，在其中"输入密码"和"再次输入密码以确认"文本框中输入自己的密码并单击"确定"按钮确认，如图5-88所示。

图 5-88　输入密码

Step 04 这样当解压缩该文件时，会弹出输入密码的提示信息框。只有在其中输入正确的密码后，才可以对该文件进行解压，如图5-89所示。

第5章 文件加密解密工具

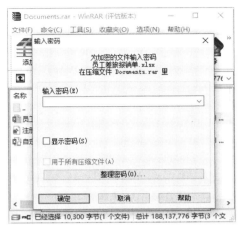

图 5-89 信息提示框

5.4.2 使用ARCHPR破解压缩文件

ARCHPR的全称Advanced Archive Password Recovery，该软件通常用于破解压缩文件。下面介绍使用ARCHPR破解压缩文件密码的具体操作步骤。

Step 01 下载并安装ARCHPR工具，双击桌面上的快捷图标，打开其主窗口，如图5-90所示。

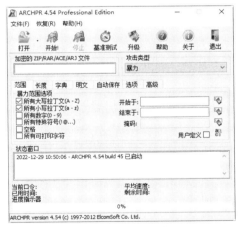

图 5-90 ARCHPR 工作界面

Step 02 单击"打开"按钮，打开"打开"对话框，在其中选择加密的压缩文档，如图5-91所示。

Step 03 单击"打开"按钮，返回"ARCHPR"主窗口，并在其中设置组合密码的各种字符，也可以设置密码的长度、破解方式等

选项，如图5-92所示。

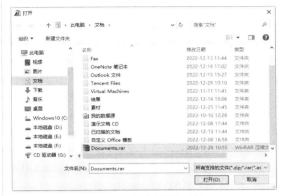

图 5-91 完成密码的破解

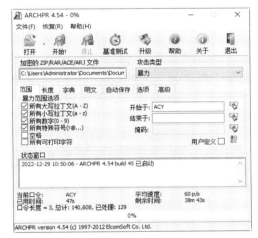

图 5-92 设置密码属性

Step 04 单击"开始"按钮，开始破解压缩密码，如图5-93所示。

图 5-93 开始破解密码

81

Step 05 破解完成后即可弹出一个"口令已成功恢复！"信息提示框，在其中可以看到解压出来的密码，如图5-94所示。

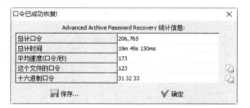

图 5-94 信息提示框

5.4.3 利用ARPR破解压缩文件

ARPR（Advanced RAR Password Recovery）是一款专门破解RAR加密压缩包密码的工具，其最大的特点是破解速度快，具体的操作步骤如下。

Step 01 下载并安装ARPR程序并安装，然后启动该工具，其主窗口如图5-95所示。

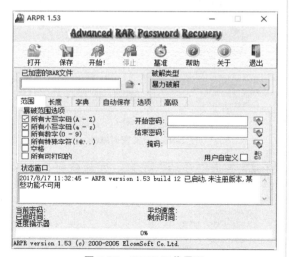

图 5-95 ARPR工作界面

Step 02 单击"已加密的RAR文件"文本框后的"打开"按钮 ，在打开的"打开"对话框中选择需要解密的WinRAR压缩包，如图5-96所示。

Step 03 单击"打开"按钮，返回ARPR工作界面，在其中可设置密码范围、密码长度、密码类型等属性，如图5-97所示。

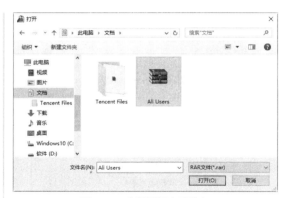

图 5-96 选择要解密压缩包

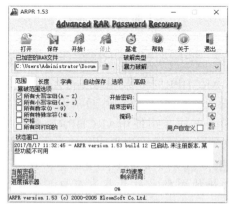

图 5-97 设置密码属性

Step 04 单击工具栏中的"开始"按钮即可进行破解，同时破解的具体信息会显示在"状态窗口"列表中，如图5-98所示。

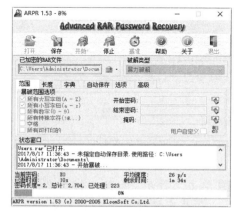

图 5-98 开始破解密码

Step 05 待破解结束后，如果密码破解成功，则可在"密码已成功恢复！"对话框中看到选中的RAR文件的密码，如图5-99所示。

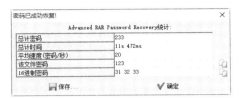

图 5-99 密码破解成功

5.5 实战演练

5.5.1 实战1：显示文件的扩展名

Windows 10系统默认情况下并不显示文件的扩展名，用户可以通过设置显示文件的扩展名，具体的操作步骤如下。

Step 01 单击"　"按钮，在打开的"开始屏幕"中选择"文件资源管理器"选项，打开"文件资源管理器"窗口，如图5-100所示。

图 5-100 "文件资源管理器"窗口

Step 02 选择"查看"选项卡，在打开的功能区域中勾选"显示/隐藏"区域中的"文件扩展名"复选框，如图5-101所示。

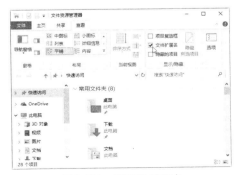

图 5-101 "查看"选项卡

Step 03 此时打开一个文件夹，用户便可以查看到文件的扩展名了，如图5-102所示。

图 5-102 查看文件的扩展名

5.5.2 实战2：限制编辑Word文档

限制编辑是指控制其他人可对文档进行哪些类型的更改，这对文档具有保护作用。为文档添加限制编辑的具体操作步骤如下。

Step 01 打开需要限制编辑的Word文档，单击"文件"选项卡，在打开的列表中选择"信息"选项，在"信息"区域单击"保护文档"按钮，在弹出的下拉菜单中选择"限制编辑"选项，如图5-103所示。

图 5-103 "限制编辑"选项

Step 02 在word编辑窗口的右侧弹出"限制编辑"窗格，勾选"仅允许在文档中进行此类型的编辑"复选框，单击"不允许任何更改（只读）"文本框右侧的下拉按钮，在弹出的下拉列表中选择允许修改的类型，这里选择"不允许任何更改（只读）"选项，如图5-104所示。

图 5-104　"限制编辑"窗格

Step 03 单击"限制编辑"窗格中的"是，启动强制保护"按钮，如图5-105所示。

图 5-105　启动强制保护

Step 04 打开"启动强制保护"对话框，在对话框中单击选中"密码"单选项，输入新密码及确认新密码，单击"确定"按钮，如图5-106所示。

图 5-106　输入密码

🔊提示：如果单击选中"用户验证"单选项，已验证的所有者可以解除文档保护。

Step 05 此时就为文档添加了限制编辑。当阅读者想要修改文档时，会在文档下方显示"由于所选内容已被锁定，您无法进行此更改"字样，如图5-107所示。

图 5-107　无法修改文档

Step 06 如果用户想要取消限制编辑，在"限制编辑"窗格中单击"停止保护"按钮即可，如图5-108所示。

图 5-108　停止保护文档

第6章 病毒与木马防御工具

随着信息化社会的发展，计算机病毒的威胁日益严重，反病毒的任务也更加艰巨。本章就来介绍计算机病毒的防护策略，主要包括什么是病毒、常见的病毒种类以及如何防御病毒的危害等内容。

6.1 病毒查杀工具

当自己的计算机出现了中毒后的特征后，就需要对其查杀病毒。目前流行的杀毒软件很多，360杀毒是当前使用比较广泛的杀毒软件之一。该软件引用双引擎的机制，拥有完善的病毒防护体系，不但查杀能力出色，而且对于新产生病毒木马能够第一时间进行防御。

6.1.1 安装杀毒软件

360杀毒软件下载完成后即可进行安装，具体的操作步骤如下。

Step 01 双击下载的360杀毒软件安装程序，打开如图6-1所示的安装界面。

图 6-1 360杀毒安装界面

Step 02 单击"立即安装"按钮，开始安装软件，此时会显示安装的进度，如图6-2所示。

图 6-2 安装进度

Step 03 安装完毕后即可打开360杀毒主界面，完成安装，如图6-3所示。

图 6-3 完成安装

6.1.2 升级病毒库

病毒库其实就是一个数据库，里面记录着计算机病毒的种种特征，以便及时发现病毒并绞杀它们。只有拥有了病毒库，杀毒软件才能区分病毒和普通程序。

新病毒层出不穷，可以说每天都有难以计数的新病毒产生。想要让计算机能够对新病毒有所防御，就必须要保证本地杀毒软件的病毒库一直处于最新版本。下面以360杀毒的病毒库升级为例进行介绍，具体的操作步骤如下。

1. 手动升级病毒库

升级360杀毒病毒库的具体操作步骤如下。

Step 01 单击360杀毒主界面的"检查更新"链接，如图6-4所示。

图 6-4　360 杀毒工作界面

Step 02 打开"360杀毒-升级"对话框，提示用户正在升级，并显示升级的进度，如图6-5所示。

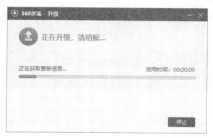

图 6-5　升级病毒库

Step 03 升级完成后，打开"360杀毒-升级"对话框，提示用户升级成功完成，并显示程序的版本等信息，单击"关闭"按钮，完成病毒库的更新，如图6-6所示。

图 6-6　完成病毒库的升级

2. 制定病毒库升级计划

为了免去用户实时操心病毒库更新的困扰，可以给杀毒软件制订一个病毒库自动更新的计划。

Step 01 打开360杀毒主界面，单击右上角的"设置"链接，如图6-7所示。

图 6-7　"设置"超链接

Step 02 打开"设置"对话框，用户可以通过选择"常规设置""病毒扫描设置""实时防护设置""升级设置""系统白名单"和"免打扰设置"等选项，详细地设置杀毒软件的参数，如图6-8所示。

图 6-8　"设置"对话框

Step 03 选择"升级设置"选项，在打开的对话框中用户可以设置自动升级设置和代理服务器设置，设置完成后单击"确定"按钮，如图6-9所示。

图 6-9　"升级设置"界面

自动升级设置由3部分组成，用户可根据需求自行选择。

（1）自动升级病毒特征库及程序：选中该项后，只要360杀毒程序发现网络上有病毒库及程序的升级，就会马上自动更新。

（2）关闭病毒库自动升级，每次升级时提醒：网络上有版本升级时，不直接更新，而是给用户一个升级提示框，升级与否由用户自己决定。

（3）关闭病毒库自动升级，也不显示升级提醒：网络上有版本升级时，不进行病毒库升级，也不显示提醒信息。

（4）定时升级：制订一个升级计划，在每天的指定时间直接连接网络上的更新版本进行升级。

📢**注意**：一般不建议用户对代理服务器设置项进行设置。

6.1.3　设置定期杀毒

计算机经过了长期的使用，可能会隐藏有许多的病毒程序。为了消除隐患，应该定时给计算机进行全面的杀毒，为此，给杀毒软件设置一个查杀计划是很有必要的。以360杀毒软件为例进行介绍，具体的操作步骤如下。

Step 01 单击360杀毒右上角"设置"链接，如图6-10所示。

图6-10　360杀毒主页面

Step 02 打开"设置"对话框，选择"病毒扫描设置"选项，在"定时查毒"项中进行设置，如图6-11所示。

图6-11　"病毒扫描设置"选项

（1）启用定时查毒：开启或关闭定时查毒功能。

（2）扫描类型：设置扫描的方式，也可以说是范围，主要有"快速扫描"和"全盘扫描"两种。

（3）每天：制订每天一次的查杀计划。选择该选项后，可进行时间调整。

（4）每周：制订每周一次的查杀计划。选择该选项后，可以设置星期和时间。

（5）每月：制订每月一次的查杀计划。选择该选项后，可以设置日期和时间。

6.1.4　快速查杀病毒

一旦发现计算机运行不正常，用户应首先分析原因，然后利用杀毒软件进行杀毒操作。下面以360杀毒查杀病毒为例讲解如何利用杀毒软件杀毒。

使用360杀毒软件杀毒的具体操作步骤如下。

Step 01 启动360杀毒，这里为用户提供了三种查杀病毒的方式，即快速扫描、全盘扫描和自定义扫描，如图6-12所示。

Step 02 这里选择快速扫描方式，单击"快速扫描"按钮，开始扫描系统中病毒文件，如图6-13所示。

Step 03 在扫描的过程中，如果发现木马病毒，则会在下面的列表中显示扫描出来的木马病毒，并列出其危险程度和相关描述信息，如图6-14所示。

图 6-12　选择杀毒方式

图 6-13　快速扫描

图 6-14　扫描完成

Step 04 单击"立即处理"按钮，可删除扫描出来的木马病毒或安全威胁对象，如图6-15所示。

Step 05 单击"确定"按钮，返回"360杀毒"窗口，在其中显示了被360杀毒处理的项目，如图6-16所示。

图 6-15　显示高危风险项

图 6-16　处理病毒文件

Step 06 单击"隔离区"超链接，打开"360恢复区"对话框，在其中显示了被360杀毒处理的项目，如图6-17所示。

图 6-17　"360 恢复区"对话框

Step 07 勾选"全选"复选框，选中所有恢复区的项目，如图6-18所示。

图 6-18　选中所有恢复区的项目

Step 08 单击"清空恢复区"按钮，弹出一个信息提示框，提示用户是否确定要一键清空恢复区的所有隔离项，如图6-19所示。

图6-19 信息提示框

Step 09 单击"确定"按钮，开始清除恢复区所有的项目，并显示清除的进度，如图6-20所示。

图6-20 清除恢复区所有的项目

Step 10 清除恢复区所有项目完毕后，将返回"360恢复区"对话框，如图6-21所示。

图6-21 "360恢复区"对话框

另外，使用360杀毒还可以对系统进行全盘杀毒。只需在病毒查杀选项卡下单击"全盘扫描"按钮即可。全盘扫描和快速扫描类似，这里不再赘述。

6.1.5 自定义查杀病毒

下面再来介绍一下如何对指定位置进行病毒的查杀，具体的操作步骤如下。

Step 01 在360杀毒工作界面中单击"自定义扫描"图标，如图6-22所示。

图6-22 选择"自定义扫描"

Step 02 打开"选择扫描目录"对话框，在需要扫描的目录或文件前勾选相应的复选框，这里勾选"本地磁盘（C）"复选框，如图6-23所示。

图6-23 "选择扫描目录"对话框

Step 03 单击"扫描"按钮，开始对指定目录进行扫描，如图6-24所示。

图6-24 扫描指定目录

Step 04 其余步骤和快速查杀相似，不再赘述。

提示：大部分杀毒软件查杀病毒的方法比较相似，用户可以利用自己的杀毒软件进行类似的病毒查杀操作。

6.1.6 查杀宏病毒

使用360杀毒还可以对宏病毒进行查杀，具体的操作步骤如下。

Step 01 在360杀毒的主界面中单击“宏病毒扫描”图标，如图6-25所示。

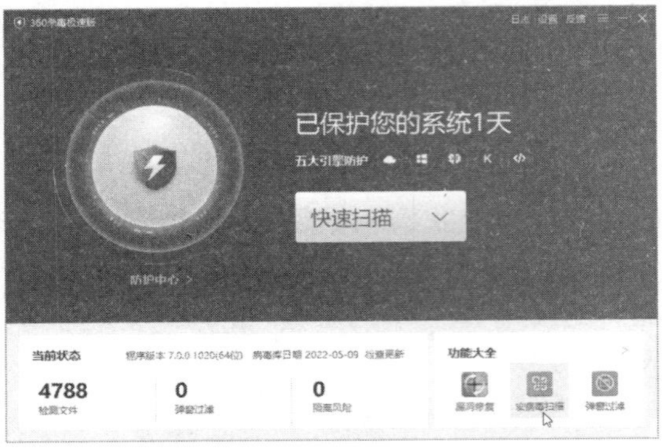

图 6-25 选择“宏病毒扫描”图标

Step 02 打开“360杀毒”对话框，提示用户扫描前需要关闭已经打开的Office文档，如图6-26所示。

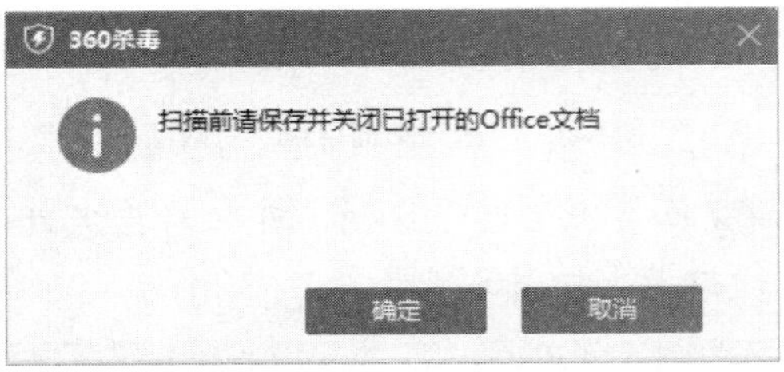

图 6-26 信息提示框

Step 03 单击“确定”按钮，开始扫描计算机中的宏病毒，并显示扫描的进度，如图6-27所示。

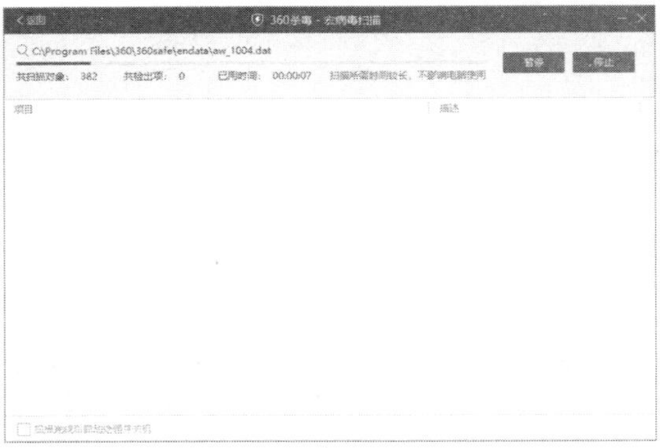

图 6-27 显示扫描进度

Step 04 扫描完成后，可对扫描出来的宏病毒进行处理，这与快速查杀相似，这里不再赘述。

6.1.7 在安全模式下查杀病毒

安全模式的工作原理是在不加载第三方设备驱动程序的情况下启动计算机，使计算机运行在系统最小模式，这样用户就可以更方便地查杀病毒，还可以检测与修复计算机系统的错误。下面以Windows 10操作系统为例来介绍在安全模式下查杀并修复系统错误的方法。

具体的操作步骤如下。

Step 01 按WIN+R组合键，打开“运行”对话框，在“打开”文本框中输入msconfig命令，单击“确定”按钮，如图6-28所示。

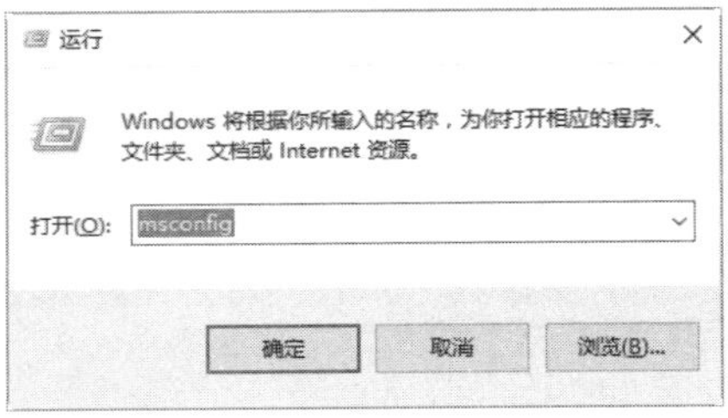

图 6-28 “运行”对话框

Step 02 打开“系统配置”对话框，选择“引导”选项，在引导选项下，勾选“安全引导”复选框和选中“最小”单选按钮，如图6-29所示。

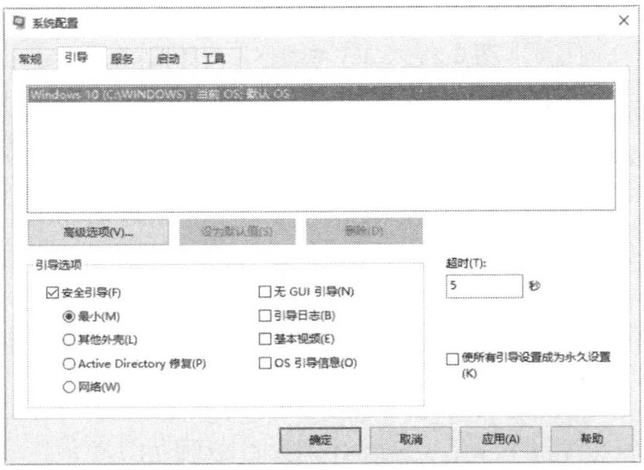

图 6-29 “系统配置”对话框

Step 03 单击“确定”按钮，进入系统安全模式，如图6-30所示。

图 6-30　系统安全模式

Step 04 进入安全模式后，可运行杀毒软件进行病毒的查杀，如图6-31所示。

图 6-31　查杀病毒

6.2　木马伪装工具

由于木马的危害性比较大，所以很多用户对木马也有了初步的了解，这在一定程度上阻碍了木马的传播。这是运用木马进行攻击的黑客所不愿意看到的。因此，黑客们往往会使用多种方法来伪装木马，迷惑用户的眼睛，从而达到欺骗用户的目的。木马常用的伪装手段很多，如伪装成可执行文件、网页、图片、电子书等。

6.2.1　伪装成可执行文件

利用EXE捆绑机可以将木马与正常的可执行文件捆绑在一起，从而使木马伪装成可执行文件，运行捆绑后的文件等于同时运行了两个文件。将木马伪装成可执行文件的具体操作步骤如下。

Step 01 下载并解压缩EXE捆绑机，双击其中的可执行文件，打开"EXE捆绑机"主界面，如图6-32所示。

图 6-32　"EXE 捆绑机"主界面

Step 02 单击"点击这里 指定第一个可执行文件"按钮，打开"请指定第一个可执行文件"对话框，在其中选择第一个可执行文件，如图6-33所示。

图 6-33　选择第一个可执行文件

Step 03 单击"打开"按钮，返回"指定 第一个可执行文件"对话框，如图6-34所示。

图 6-34　"指定 第一个可执行文件"对话框

Step 04 单击"下一步"按钮，打开"指定 第二个可执行文件"对话框，如图6-35所示。

图 6-35　"指定 第二个可执行文件"对话框

Step 05 单击"点击这里 指定第二个可执行文件"按钮，打开"请指定第二个可执行文件"对话框，在其中选择已经制作好的木马文件，如图6-36所示。

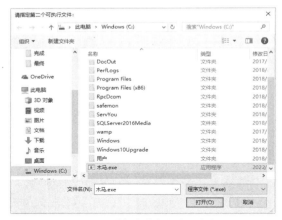

图 6-36　选择制作好的木马文件

Step 06 单击"打开"按钮，返回"指定 第二个可执行文件"对话框，如图6-37所示。

Step 07 单击"下一步"按钮，打开"指定 保存路径"对话框，如图6-38所示。

Step 08 单击"点击这里 指定保存路径"按钮，打开"另存为"对话框，在"文件名"文本框中输入可执行文件的名称，并设置文件的保存类型，如图6-39所示。

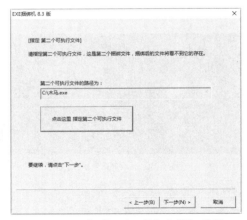

图 6-37　"指定 第二个可执行文件"对话框

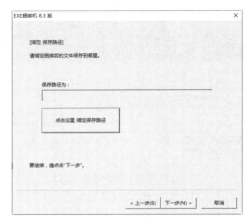

图 6-38　"指定 保存路径"对话框

图 6-39　"另存为"对话框

Step 09 单击"保存"按钮，指定捆绑后文件的保存路径，如图6-40所示。

Step 10 单击"下一步"按钮，打开"选择版本"对话框，在"版本类型"下拉列表中选择"普通版"选项，如图6-41所示。

图 6-40　指定文件的保存路径

图 6-41　"选择版本"对话框

Step 11 单击"下一步"按钮，打开"捆绑文件"对话框，提示用户开始捆绑第一个可执行文件与第二个可执行文件，如图6-42所示。

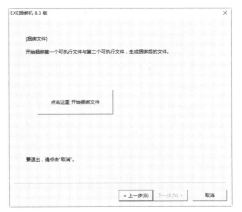

图 6-42　"捆绑文件"对话框

Step 12 单击"点击这里 开始捆绑文件"按钮，开始进行文件的捆绑。待捆绑结束之后，可看到"捆绑文件成功"提示框。单击"确定"按钮，结束文件的捆绑，如图6-43所示。

图 6-43　"捆绑文件成功"提示框

提示：黑客可以使用木马捆绑技术将一个正常的可执行文件和木马捆绑在一起。一旦用户运行这个包含有木马的可执行文件，黑客就可以通过木马控制或攻击用户的计算机。

6.2.2　伪装成自解压文件

利用WinRAR的压缩功能可以将正常的文件与木马捆绑在一起，并生成自解压文件，一旦用户运行该文件，同时也会激活木马文件，这也是木马常用的伪装手段之一，具体的操作步骤如下。

Step 01 准备好要捆绑的文件，这里选择是一个蜘蛛纸牌和木马文件（木马.exe），存放在同一个文件夹下，如图6-44所示。

图 6-44　待捆绑的文件

Step 02 选中蜘蛛纸牌和木马文件（木马.exe）所在的文件夹并右击，在弹出的快捷菜单中选择"添加到压缩文件"选项，如图6-45所示。

图 6-45 "捆绑文件成功"提示框

Step 03 随即打开"压缩文件名和参数"对话框。在"压缩文件名"文本框中输入要生成的压缩文件的名称，并勾选"创建自解压格式压缩文件"复选框，如图6-46所示。

图 6-46 "常规"选项卡

Step 04 选择"高级"选项卡，在其中勾选"保存文件安全数据""保存文件流数据""后台压缩""完成操作后关闭计算机电源""如果其他WinRAR副本被激活则等待"复选框，如图6-47所示。

Step 05 单击"自解压选项"按钮，打开"高级自解压选项"对话框，在"解压路径"文本框中输入路径，并选中"在当前文件夹中创建"单选项，如图6-48所示。

图 6-47 "高级"选项卡

图 6-48 "高级自解压选项"对话框

Step 06 选择"模式"选项卡，在其中选中"全部隐藏"单选项，这样可以增加木马程序的隐蔽性，如图6-49所示。

图 6-49 "模式"选项卡

Step 07 为了更好地迷惑用户，还可以在"文本和图标"选项卡下设置自解压窗口标题、自解压文件图标等，如图6-50所示。

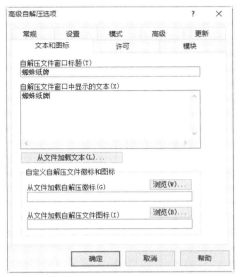

图 6-50 "文本和图标"选项卡

Step 08 设置完毕后，单击"确定"按钮，返回"压缩文件名和参数"对话框。在"注释"选项卡中可以看到自己所设置的各项，如图6-51所示。

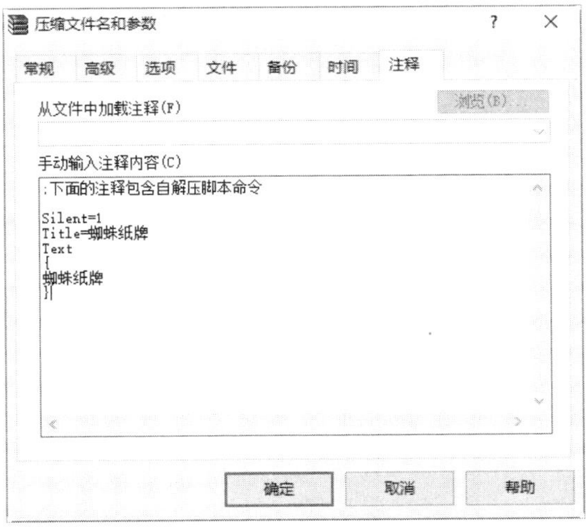

图 6-51 "注释"选项卡

Step 09 单击"确定"按钮，生成一个名为"蜘蛛纸牌"自解压的压缩文件。这时用户一旦运行该文件后就会中木马，如图6-52所示。

图 6-52 自解压压缩文件

6.2.3 将木马伪装成图片

将木马伪装成图片是许多木马制造者常用来骗别人执行木马的方法，例如将木马伪装成GIF、JPG等，可以使很多人中招。用户可以使用图片木马生成器工具将木马伪装成图片，具体的操作步骤如下。

Step 01 下载并运行"图片木马生成器"程序，打开"图片木马生成器"主窗口，如图6-53所示。

图 6-53 "图片木马生成器"主窗口

Step 02 在"网页木马地址"和"真实图片地址"文本框中分别输入网页木马和真实图片地址；在"选择图片格式"下拉列表中选择jpg选项，如图6-54所示。

Step 03 单击"生成"按钮，弹出"图片木马生成完毕"提示框，单击"确定"按钮，关闭该提示框，这样只要打开该图片，就可以自动把该地址的木马下载到本地并运行，如图6-55所示。

图 6-54　设置图片信息　　图 6-55　信息提示框

6.2.4　将木马伪装成网页

网页木马实际上是一个HTML网页，与其他网页不同，该网页是黑客精心制作的，用户一旦访问了该网页就会中木马。下面以最新网页木马生成器为例介绍制作网页木马的过程。

在制作网页木马之前，必须有一个木马服务器端程序，在这里使用生成木马程序文件名为muma.exe。制作网页木马的具体操作步骤如下。

Step 01 运行"最新网页木马生成器"主程序后，打开主界面，如图6-56所示。

图 6-56　"最新网页木马生成器"主窗口

Step 02 单击"选择木马"文本框右侧"浏览"按钮，打开"另存为"对话框，在其

中选择准备好的木马文件"木马.exe"，如图6-57所示。

图 6-57　"另存为"对话框

Step 03 单击"保存"按钮，返回"最新网页木马生成器"主界面。在"网页目录"文本框中输入相应的网址，如http://www.index.com/，如图6-58所示。

图 6-58　输入网址

Step 04 单击"生成目录"文本框右侧"浏览"按钮，打开"浏览文件夹"对话框，在其中选择生成目录保存的位置，如图6-59所示。

图 6-59　"浏览文件夹"对话框

Step 05 单击"确定"按钮，返回"最新网页木马生成器"主界面，如图6-60所示。

图6-60　"最新网页木马生成器"主界面

Step 06 单击"生成"按钮，弹出一个信息提示框，提示用户网页木马创建成功。单击"确定"按钮，成功生成网页木马，如图6-61所示。

图6-61　信息提示框

Step 07 在"动鲨网页木马生成器"目录下的"动鲨网页木马"文件夹中将生成bbs003302.css、bbs003302.gif以及index.htm等网页木马，如图6-62所示。

图6-62　"动鲨网页木马"文件夹

Step 08 将生成的木马上传到前面设置的存在

木马的Web文件夹中，当浏览者一旦打开这个网页，浏览器就会自动在后台下载指定的木马程序并开始运行。

提示： 在设置存放木马的Web文件夹路径时，设置的路径必须是某个可访问的文件夹，一般位于个人申请的一个免费网站上。

6.3　木马查杀工具

木马是黑客最常用的攻击方法，会影响网络和计算机的正常运行，其危害程度越来越严重，主要表现在于其对计算机系统有强大的控制和破坏能力，如窃取主机的密码、控制目标主机的操作系统和文件等。

6.3.1　使用360安全卫士查杀木马

使用360安全卫士可以查询系统中的顽固木马病毒文件，以保证系统安全。使用360安全卫士查杀顽固木马病毒的操作步骤如下。

Step 01 在360安全卫士的工作界面中单击"木马查杀"按钮，进入360安全卫士木马病毒查杀工作界面，在其中可以看到360安全卫士为用户提供了3种查杀方式，如图6-63所示。

图6-63　360安全卫士

Step 02 单击"快速查杀"按钮，开始快速扫描系统关键位置，如图6-64所示。

图 6-64　扫描木马信息

Step 03 扫描完成后，给出扫描结果。对于扫描出来的危险项，用户可以根据实际情况自行清理，也可以直接单击"一键处理"按钮，对扫描出来的危险项进行处理，如图6-65所示。

图 6-65　扫描出的危险项

Step 04 单击"一键处理"按钮，开始处理扫描出来的危险项，处理完成后，打开"360木马查杀"对话框，在其中提示用户处理成功，如图6-66所示。

图 6-66　"360木马查杀"对话框

6.3.2　使用木马专家清除木马

木马专家2022是专业防杀木马软件，针对目前流行的木马病毒特别有效，可以彻底查杀各种流行的QQ盗号木马、网游盗号木马、灰鸽子、黑客后门等10万种木

马间谍程序，是计算机不可缺少的坚固堡垒。使用木马专家查杀木马的具体操作步骤如下。

Step 01 双击桌面上的木马专家2022快捷图标，打开如图6-67所示界面，提示用户程序正在载入。

图 6-67　木马专家启动界面

Step 02 程序载入完成后，打开"木马专家2022"工作界面，如图6-68所示。

图 6-68　"木马专家"工作界面

Step 03 单击"扫描内存"按钮，打开"扫描内存"信息提示框，提示用户是否使用云鉴定全面分析系统，如图6-69所示。

图 6-69　扫描内存提示框

Step 04 单击"确定"按钮，开始对计算机内存进行扫描，如图6-70所示。

图 6-70 扫描计算机内存

Step 05 扫描完成后，会在右侧的窗格中显示扫描的结果，如果存在有木马，直接将其删除即可，如图6-71所示。

图 6-71 显示扫描的结果

Step 06 单击"扫描硬盘"按钮，进入"硬盘扫描分析"工作界面，在其中提供了3种扫描模式，分别是开始快速扫描、开始全面扫描和开始自定义扫描。用户可以根据自己的需要进行选择，如图6-72所示。

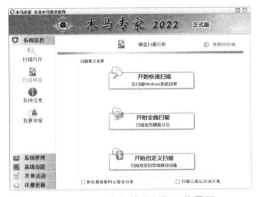

图 6-72 "硬盘扫描分析"工作界面

Step 07 这里单击"开始快速扫描"按钮，开始对计算机进行快速扫描，如图6-73所示。

图 6-73 快速扫描木马

Step 08 扫描完成后，会在右侧的窗格中显示扫描的结果，如图6-74所示。

图 6-74 扫描结果

Step 09 单击"系统信息"按钮，进入"系统信息"工作界面，在其中可以查看计算机内存与CUP的使用情况，同时可以对内存进行优化处理，如图6-75所示。

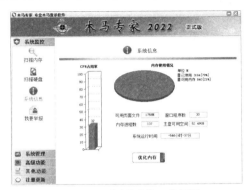

图 6-75 "系统信息"工作界面

Step 10 单击"系统管理"按钮，进入"系统管理"工作界面，在其中可以对计算机的进程、启动项等内容进行管理操作，如图6-76所示。

图 6-76 "系统管理"工作界面

Step 11 单击"高级功能"按钮，进入木马专家的"高级功能"工作界面，在其中可以对计算机进行修复系统、隔离仓库等高级功能的操作，如图6-77所示。

图 6-77 "高级功能"工作界面

Step 12 单击"其他功能"按钮，进入"其他功能"工作界面，在其中可以查看网络状态、监控日志等，同时还可以对U盘病毒进行免疫处理，如图6-78所示。

Step 13 单击"注册更新"按钮，并单击其下方的"功能设置"按钮，在打开的界面中设置木马专家2022的相关功能，如图6-79所示。

图 6-78 "其他功能"工作界面

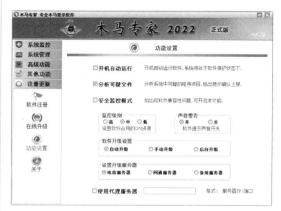

图 6-79 "功能设置"工作界面

6.4 实战演练

6.4.1 实战1：在Word中预防宏病毒

包含宏的工作簿更容易感染病毒，所以用户需要提高宏的安全性。下面以在Word 2016中预防宏病毒为例，来介绍预防宏病毒的方法，具体的操作步骤如下。

Step 01 打开包含宏的工作簿，选择"文件"→"选项"选项，如图6-80所示。

Step 02 打开"Word选项"对话框，选择"信任中心"选项，然后单击"信任中心设置"按钮，如图6-81所示。

Step 03 打开"信任中心"对话框，在左侧列表中选择"宏设置"选项，然后在"宏设置"列表中选中"禁用无数字签署的所有

宏"单选按钮，单击"确定"按钮，如图
6-82所示。

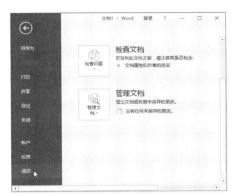

图 6-80　选择"选项"

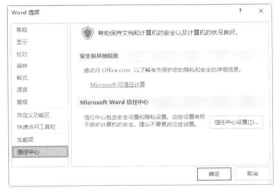

图 6-81　"Word 选项"对话框

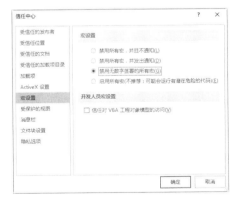

图 6-82　"信任中心"对话框

6.4.2　实战2：在任务管理器中结束木马进程

进程是指正在运行的程序实体，并且包括这个运行的程序中占据的所有系统资

源，如果自己的计算机突然运行速度慢了下来，就需要到"任务管理器"窗口当中查看一下是否有木马病毒程序正在后台运行。打开任务管理器的具体操作步骤如下。

Step 01 按下键盘上的Ctrl+Alt+Del组合键，打开"任务管理器"界面，如图6-83所示。

图 6-83　"任务管理器"界面

Step 02 单击"任务管理器"选项，打开"任务管理器"窗口，选择"进程"选项卡，可看到本机中开启的所有进程，如图6-84所示。

名称	11% CPU	58% 内存	0% 磁盘	0% 网络
应用 (4)				
〉 360安全浏览器	0.5%	60.8 MB	0 MB/秒	0 Mbps
〉 Microsoft Word	0.6%	132.4 MB	0 MB/秒	0 Mbps
〉 Windows 资源管理器 (3)	0.3%	26.5 MB	0 MB/秒	0 Mbps
〉 任务管理器	2.5%	6.4 MB	0 MB/秒	0 Mbps
后台进程 (41)				
360安全浏览器	0%	16.6 MB	0 MB/秒	0 Mbps
360安全浏览器	0.3%	42.3 MB	0 MB/秒	0 Mbps
360安全浏览器	0%	12.4 MB	0 MB/秒	0 Mbps
360安全浏览器	5.2%	73.9 MB	0 MB/秒	0 Mbps
360安全浏览器	1.5%	19.9 MB	0 MB/秒	0 Mbps

图 6-84　"任务管理器"窗口

Step 03 在进程列表中选择需要查看的进程，右击，在弹出的快捷菜单中选择"属性"选项，如图6-85所示。

Step 04 打开"BrIndicator.exe属性"对话框，在此可以看到进程的文件类型、描述、位置、大小、占用空间等属性，如图6-86所示。

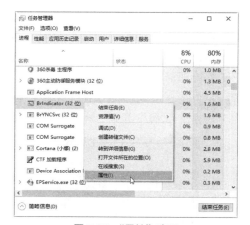

图 6-85 "属性"选项

图 6-86 "BrIndicator.exe 属性"对话框

Step 05 单击"高级"按钮，打开"高级属性"对话框，在此可以设置文件属性和压缩或加密属性，单击"确定"按钮，保存设置，如图6-87所示。

图 6-87 "高级属性"对话框

Step 06 选择"兼容性"选项卡，可以设置进程的兼用模式，如图6-88所示。

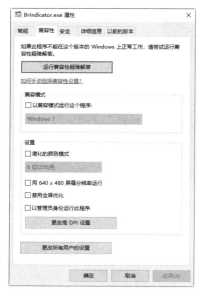

图 6-88 "兼容性"选项卡

Step 07 单击"安全"选项卡，可以看到不同的用户对进程的权限，单击"编辑"按钮，可以更改相关权限，如图6-89所示。

图 6-89 "安全"选项卡

Step 08 选择"详细信息"选项卡，可以查看进程的文件说明、类型、文件版本、大小等信息，如图6-90所示。

图 6-90 "详细信息"选项卡

Step 09 在进程列表中查找多余的进程，然后在映像上右击，在弹出的快捷菜单中选择"结束进程"选项，即可结束选中的进程，如图6-91所示。

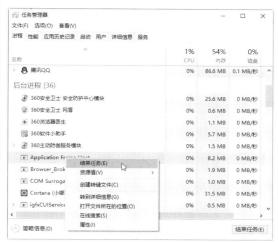

图 6-91 结束选中的进程

第7章　U盘病毒防御工具

随着U盘等移动存储设备使用的越来越广泛，它已经成为木马、病毒等传播的主要途径之一。本章将详细介绍U盘病毒攻防知识，其中包括U盘病毒介绍，U盘病毒的防御，Autorun.inf解析，U盘病毒的查杀，以及U盘病毒专杀工具USBKiller的使用等知识。

7.1　U盘病毒概述

U盘病毒又称为Autorun病毒，是依托U盘、移动硬盘等移动存储设备，通过形态为Autorun名称的隐藏文件进行传播的，后缀名通常为inf、exe等几种。U盘病毒不但会扰乱计算机操作系统的正常使用，非法篡改、删除用户数据资料，而且可能会造成大规模的病毒扩散等危害。

7.1.1　U盘病毒的原理和特点

要研究U盘病毒，首先要了解它的原理和特点。

1. U盘病毒的原理

U盘病毒利用了Autorun.inf自动运行的原理进行传播。病毒首先向U盘写入病毒程序，然后更改Autorun.inf文件，Windows系统一旦运行被更改的Autorun.inf文件就会激活病毒。被激活的U盘病毒还会自动检测新插入的U盘，并进行自身的复制和传播。

2. U盘病毒的特点

当用户在使用U盘等移动存储设备的过程中，发现其打开速度极慢，双击进入时总是显示被某程序占用之类的提示，或在U盘右键菜单中出现"自动播放"、Auto等选项时，表明该设备已经感染U盘病毒。

U盘病毒发作时具有以下3个特点。

（1）传播速度快：由于U盘病毒能够自动执行，往往在病毒U盘插入USB接口的一瞬间即已感染病毒。

（2）隐蔽性高：U盘病毒本身是以"隐藏文件"的形式存在的，而且能伪装成其他正常系统文件夹和文件，隐藏在文件目录中，不易被察觉。

（3）传播范围广：随着U盘、移动硬盘等移动存储设备的大量普及，往往就会造成大规模的病毒扩散。

7.1.2　常见U盘病毒

利用Autorun.inf自动运行的原理，U盘病毒的数量与日俱增，下面将简单介绍几种常见的U盘病毒。

1. Adober.exe病毒

当用户的操作系统感染Adober.exe病毒后，双击U盘时会暂无反映，但稍等片刻就会打开"请查看Adober.exe.log"对话框，并且U盘根目录中会多一个Adober.exe文件，其图标为一个普通可执行程序。

当右击U盘时，在快捷菜单最上面会出现Auto这一选项。同时，查看任务管理器时会发现进程中会出现名为Adober.exe的进程，计算机速度变得缓慢。

病毒检测到有U盘插入后，会自动从感染主机中复制Adober.exe和自动启动文件Autorun.inf，使得U盘图标在被双击后执行Adober.exe吞噬系统的内存（每次双击，进程中都会多一个Adober.exe），并修改注册表，在系统盘中自我备份，以感染更多的插往该主机上的U盘。

2. sxs.exe病毒

当用户的操作系统感染sxs.exe病毒后，单击计算机上各个磁盘分区时，均无反应，只能通过右键快捷菜单中的"打开"选项打开，且在右键菜单里新增了"自动播放"选项。每个磁盘分区（除了C盘）都有Autorun.inf和sxs.exe两个文件，删除之后还会再生。U盘无法进行"安全删除"，显示无法停止的对话框。某些杀毒软件实时监控自动关闭，并无法打开。

查看任务管理器时，会发现进程中出现名为sxs.exe或svohost.exe的进程。

3. DOC.exe病毒

当用户把染有病毒的U盘插入后，操作系统中即被写入win32.exe、win33.exe以及很多.exe的病毒文件，以相似图标冒充MP3和DOC文档。该病毒一旦发作，可以将Office用户的Word文档逐个删除，所有Windows版本用户无一幸免。

查看任务管理器时，会发现进程中出现名为doc.exe的进程。

4. RavMone.exe病毒

RavMone.exe会冒充瑞星杀毒软件的正常文件RavMon.exe和RavMond.exe。当用户双击U盘盘符时，就会激活Autorun.inf自动加载RavMone.exe。

中毒之后，计算机识别U盘时会出现一些问题，双击打开变得十分缓慢；查看所有文件时，会发现多了RavMone.exe、RavMonLog、msvcr71.dll等文件，且U盘无法正常退出，病毒还会传染给新的U盘。同时，还会在各个磁盘分区中生成RavMone.exe.log文件，删除之后还会再生。

7.1.3　窃取U盘上的资料

目前，利用一些专门的工具，可以窃取U盘上的资料，下面介绍如何使用闪盘窥

探者窃取U盘上的资料。闪盘窥探者是一款可以盗取别人U盘数据的工具。当运行这个程序时，别人U盘插到自己的计算机时，U盘内所有的数据都会被不知不觉地复制到指定的隐蔽文件夹。

使用闪盘窥探者窃取U盘上的资料的具体操作步骤如下。

Step 01 运行闪盘窥探者文件夹中的Flash-DiskThief.exe，打开"闪盘窥探者"主界面，如图7-1所示。

图7-1　"闪盘窥探者"主界面

Step 02 在"文件保存路径"文本框中设置盗取文件的存放位置，可以将文件路径设置的更隐蔽一些，如C:\Windows\System32目录中，如图7-2所示。

图7-2　设置文件保存路径

Step 03 勾选"复制完成，自动结束程序"复选框，即可在复制完成后程序进程将会自动结束。勾选"窗口完全隐藏，Ctrl+F1激活"复选框后，如果单击"隐藏"按钮即可不显示该软件的运行界面。单击"开始"按钮，再单击"隐藏"按钮，可将该软件隐藏起来，并开始监视USB接口，如图7-3所示。

图 7-3 设置运行属性

7.2 关闭U盘"自动播放"功能

为了保证用户计算机系统的良好运行，就要针对U盘病毒采取一系列的防御措施，主要措施有：关闭系统默认打开的"自动播放"功能，在日常的生活和学习中养成良好的安全使用U盘习惯等。

7.2.1 通过使用组策略关闭

使用组策略可以关闭U盘的"自动播放"功能，具体的操作步骤如下。

Step 01 右击"■"按钮，在弹出的快捷菜单中选择"运行"选项，如图7-4所示。

图 7-4 "运行"选项

Step 02 在打开的"运行"对话框中输入gpedit.msc命令，单击"确定"按钮，如图7-5所示。

图 7-5 "运行"对话框

Step 03 在"本地组策略编辑器"窗口的左窗格中依次打开"计算机配置"→"管理模

板"→"系统"→"所有设置"分支，在右窗格的"设置"列表框中双击"关闭自动播放"选项，如图7-6所示。

图 7-6 "本地组策略编辑器"窗口

Step 04 在"关闭自动播放"对话框中，勾选"已启用"复选框，单击"确定"按钮，如图7-7所示。

图 7-7 "关闭自动播放"对话框

7.2.2 通过修改注册表关闭

通过修改注册表可以关闭"自动播放"功能，具体的操作步骤如下。

Step 01 在"运行"对话框中输入regedit命令，如图7-8所示。

Step 02 单击"确定"按钮，打开"注册表编辑器"窗口，在左侧窗格中依次打开HKEY_CURRENT_USER/Software/Microsoft/

Windows/CurrentVersion/Explorer/MountPoints2分支并右击，在弹出的快捷菜单中选择"权限"选项，如图7-9所示。

图7-8 "运行"对话框

图7-9 "注册表编辑器"窗口

Step 03 在打开的"MountPoints2的权限"对话框中单击Administrator用户，在"Administrator的权限"选项区中勾选所有的"拒绝"复选框，单击"确定"按钮，如图7-10所示。

图7-10 "MountPoints2 的权限"对话框

7.2.3 通过设置服务关闭

停止相关系统服务可以实现关闭"自动播放"功能，具体的操作步骤如下。

Step 01 选择"开始"→"控制面板"→"管理工具"→"服务"菜单项，双击Shell Hardware Detection选项，如图7-11所示。

图7-11 "服务"窗口

Step 02 打开"Shell Hardware Detection的属性"对话框，在"启动类型"下拉列表框中选择"禁用"选项，单击"确定"按钮，如图7-12所示。

图7-12 选择"禁用"选项

🔊提示：在U盘的根目录下建立Autorun. inf目录，并设其属性为"隐藏"和"只读"，可以截断利用移动磁盘自运行进行传播的病毒。建议所有的磁盘根目录下都建立此目录。

7.3 U盘病毒查杀工具

U盘病毒查杀的主要方法有：利用WinRAR查杀，手工查杀和利用U盘病毒专杀软件进行查杀，下面将具体介绍这几种查杀方式。

7.3.1 使用WinRAR查杀U盘病毒

一般的U盘病毒文件具有隐蔽性，在Windows正常运行状态下是无法查看的。而利用WinRAR则可以查看隐藏的U盘病毒文件，具体的操作步骤如下。

Step 01 运行WinRAR软件，选择路径下拉菜单中的U盘位置，查看U盘根目录中的文件，如图7-13所示。

图 7-13 查看 U 盘根目录中的文件

Step 02 在U盘根目录中查看是否有Autorun. inf文件，如果有，则右击此文件，在弹出的快捷菜单中选择"查看文件"选项，如图7-14所示。

Step 03 在WinRAR的查看窗口中查看文件内容，如果显示内容中有一行为：open=***.

exe，则可判定已经感染病毒，关闭"查看"窗口，如图7-15所示。

图 7-14 "查看文件"选项

图 7-15 "查看"窗口

Step 04 在WinRAR窗口中右击Autorun.inf文件，在弹出的快捷菜单中选择"删除文件"选项，即可删除文件，如图7-16所示。

图 7-16 "删除文件"选项

7.3.2 使用USBKiller查杀U盘病毒

USBKiller是一款专业预防及查杀U盘、移动硬盘、Auto病毒的工具。其独创的SuperClean高效强力杀毒引擎可查杀最新

U盘文件夹病毒、Autorun.inf病毒、AV终结者等上百种顽固U盘病毒，是国内首创的可对计算机实行主动防御、自动检测清除插入U盘内的病毒、杜绝病毒通过U盘感染计算机的专杀工具。

1. USBKiller的安装

Step 01 双击运行USBKiller的安装程序，进入安装向导，如图7-17所示。

图7-17　安装向导

Step 02 单击"下一步"按钮，在打开的"选择安装位置"窗口中，用户可以指定USBKiller的安装目录，如图7-18所示。

图7-18　"选择安装位置"窗口

Step 03 单击"下一步"按钮，打开"选择开始菜单文件夹"窗口，在其中选择在哪里放置程序的快捷方式，如图7-19所示。

Step 04 单击"下一步"按钮，打开"选择附加任务"窗口，在其中勾选"创建桌面快捷方式"复选框，如图7-20所示。

图7-19　"选择开始菜单文件夹"窗口

图7-20　"选择附加任务"窗口

Step 05 单击"下一步"按钮，打开"安装准备完毕"窗口，在其中显示了安装目录和附加任务列表，如图7-21所示。

图7-21　"安装准备完毕"窗口

Step 06 确认无误后，单击"安装"按钮，开始安装程序，并显示安装的进度，如图7-22所示。

Step 07 安装完毕后，会出现安装向导完成窗口，单击"完成"按钮完成安装，如图7-23所示。

图 7-22　显示安装的进度

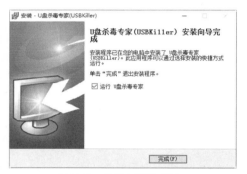

图 7-23　安装向导完成窗口

2. U盘病毒检测向导

在USBKiller安装完成后，就会自动进入U盘病毒检测向导窗口，自动扫描用户计算机的移动设备、内存和硬盘，查出可疑病毒等。

具体的操作步骤如下。

Step 01 在初次运行USBKiller时，将进行病毒检测扫描，如图7-24所示。

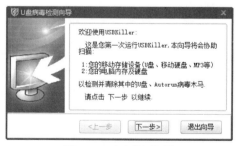

图 7-24　病毒检测扫描

Step 02 单击"下一步"按钮，USBKiller自动检测用户计算机中插入的移动设备。检测完毕后显示检测结果，如图7-25所示。

图 7-25　显示检测结果

Step 03 单击"下一步"按钮，USBKiller自动扫描用户计算机的内存和硬盘，实时显示状态，如图7-26所示。

图 7-26　扫描内存和硬盘

Step 04 扫描完成后，将会显示扫描结果。单击"完成"按钮完成检测向导，如图7-27所示。

图 7-27　完成检测向

3. USBKiller功能介绍

USBKiller除了U盘病毒扫描功能外，还具有检测进程管理、自动建立免疫目录、解锁U盘等安全实用的功能，其使用界面简单，功能更完善。

Step 01 双击桌面上的USBKiller快捷图标，打开USBKiller工作界面，单击"免疫U盘病毒"按钮，在右侧的窗格中勾选"禁止自动运行功能"复选框，然后选中"移动存储"单选按钮，单击"开始免疫"按钮，则会在用户的移动存储设备中建立免疫目录，如图7-28所示。

图 7-28 建立免疫目录

Step 02 单击"扫描病毒"按钮，在右侧勾选要扫描的对象，包括内存、本地硬盘与移动存储3个选项，如图7-29所示。

图 7-29 选择要扫描的对象

Step 03 单击"开始扫描"按钮即可开始扫描病毒，扫描进度在窗口下方显示。如果发现病毒，软件会自动进行清除操作，如图7-30所示。

图 7-30 开始扫描病毒

Step 04 单击"修复系统"按钮，在右侧的窗格中勾选需要修复的项目，单击"开始修复"按钮，即可修复由病毒感染造成的损害和不正确的设置，如图7-31所示。

图 7-31 选择需要修复的项目

Step 05 单击"U盘工具"按钮，然后再单击"立即解锁"按钮，可以安全地退出被锁定的移动设备；为防止使用移动存储设备盗取资料，可勾选"禁止向USB存储设备写入数据"复选框，单击"应用设置"按钮，如图7-32所示。

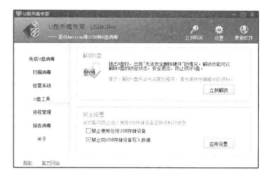

图 7-32 设置 U 盘工具

Step 06 单击"进程管理"按钮，可以查看运行的所有进程。勾选"进程名称"下的复选框，单击"终止进程"按钮，可以停止所选进程，如图7-33所示。

图 7-33 进程管理界面

Step 07 在USBKiller工作界面中单击"设置"按钮，打开"设置"对话框，在其中可设置软件的基本属性及对病毒的处理方式，如图7-34所示。

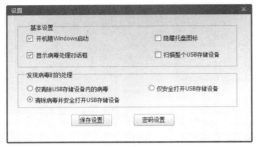

图 7-34 "设置"对话框

7.3.3 使用USBCleaner查杀U盘病毒

USBCleaner是一款绿色的辅助杀毒工具，具有检测查杀U盘病毒、U盘病毒广谱扫描、U盘病毒免疫、修复显示隐藏文件及系统文件、安全卸载移动盘等功能，可以全方位一体化修复并查杀U盘病毒。

1. 全面检测系统

Step 01 从网上下载U盘专杀工具，其文件夹中包含的文件如图7-35所示。

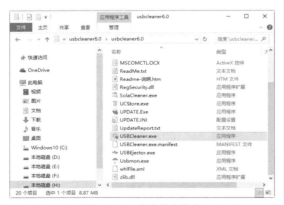

图 7-35 U盘专杀文件夹

Step 02 双击USBCleaner.exe图标，打开"U盘病毒专杀工具USBCleaner"对话框，如图7-36所示。

Step 03 单击"全面检测"按钮即可对系统进行扫描，如图7-37所示。

图 7-36 USBCleaner 对话框

图 7-37 扫描系统

Step 04 在扫描的过程中，如果发现病毒，则会在下面的列表中显示，包括病毒的名称、文件路径和状态，如图7-38所示。

图 7-38 查杀病毒文件

2. 检测移动盘

具体的操作步骤如下。

Step 01 单击"检测移动盘"按钮，打开"移动存储病毒处理模块"对话框，如图7-39所示。

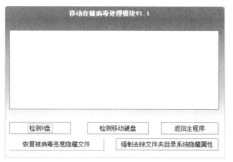

图 7-39　"移动存储病毒处理模块"对话框

Step 02 单击"检测U盘"按钮，打开"千万不可直接插拔USB盘"提示框，如图7-40所示。

图 7-40　信息提示框

Step 03 单击"确定"按钮，打开"已发现U盘"信息提示框，如图7-41所示。

图 7-41　"已发现U盘"提示框

Step 04 单击"确定"按钮，可对本机中的U盘进行检查，待检测完毕后，打开"已完成检测"对话框，如图7-42所示。

图 7-42　"已完成检测"对话框

Step 05 单击"确定"按钮，打开"已完成检测！是否调用FolderCore查杀U盘中的文件夹图标病毒？"提示框，如图7-43所示。

图 7-43　检测U盘提示框

Step 06 单击"是"按钮，打开用USBCleaner中自带的"文件夹图标病毒专杀工具FolderCore"对话框，来检测文件夹图标病毒，如图7-44所示。

图 7-44　检测文件夹图标病毒

Step 07 单击"开始扫描"按钮，打开"请选择扫描对象"信息提示。这里采用系统默认设置，即"执行全盘扫描"选项，如图7-45所示。

图 7-45　选择扫描对象

Step 08 选择完毕后，对系统全盘进行文件夹图标病毒的扫描，如图7-46所示。

图 7-46　扫描文件夹图标病毒

Step 09 待检测完毕后，会在"移动存储病毒处理模块"对话框中看到相应的操作日志，如图7-47所示。

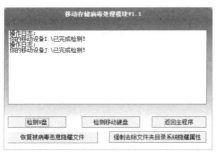

图 7-47　检测完成

3. 检测未知病毒

Step 01 在USBCleaner对话框中单击"广谱检测"按钮，即可看到"不能完全查杀未知病毒"对话框，如图7-48所示。

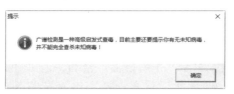

图 7-48　提示框

Step 02 单击"确定"按钮，进行光谱侦测，待侦测完毕后会把本机中的所有的Autorun.inf文件列出来，如图7-49所示。

图 7-49　扫描 Autorun.inf 文件

Step 03 在"U盘病毒专杀工具USBCleaner"对话框中选择"工具及插件"选项卡，在其中可以对U盘病毒免疫、移动盘卸载、USB设备痕迹清理、系统修复等属性进行设置，如图7-50所示。

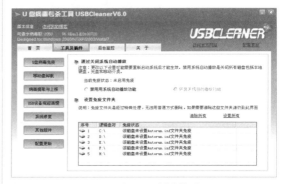

图 7-50　"工具及插件"选项

Step 04 单击"USB设备痕迹清理"按钮，打开"USB设备使用记录清理"对话框，在其中显示了USB设置的使用记录，如图7-51所示。

图 7-51　扫描 autorun.inf 文件

Step 05 单击"清理所有记录"按钮，即可将所有的USB使用记录清除，如图7-52所示。

图 7-52　清除 USB 使用记录

Step 06 选择"后台监控"选项卡，在桌面上的状态栏中双击"USBMON监控程式"图标，打开"USBMON监控程式"对话框，在其中可以对监控的各个属性进行设置，如图7-53所示。

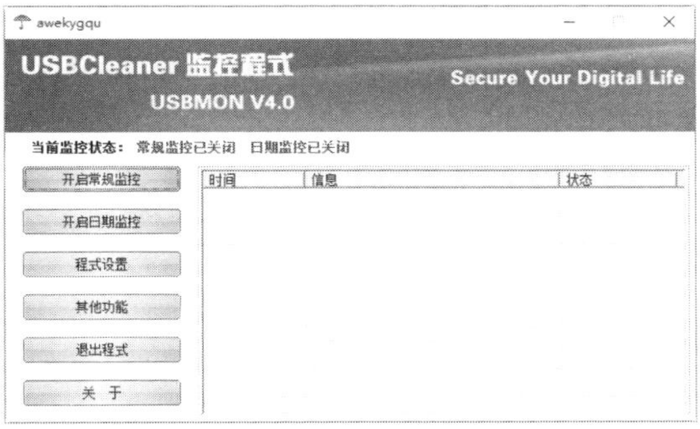

图 7-53 "监控程式"对话框

Step 07 单击"其他功能"按钮，在打开的窗口中可对U盘的写保护和文件目录强制删除进行设置，如图7-54所示。

图 7-54 "其他功能"设置界面

7.4 实战演练

7.4.1 实战1：U盘病毒的手动删除

使用显示系统隐藏文件的方法可以手工进行U盘病毒的判断删除，具体的操作步骤如下。

Step 01 在"此电脑"窗口中，选择"文件"→"更改文件夹和搜索选项"菜单项，如图7-55所示。

Step 02 在打开的"文件夹选项"对话框中选择"查看"选项卡，然后取消勾选"隐藏受保护的操作系统文件"复选框，选中"显示隐藏的文件、文件夹和驱动器"单选按钮，取消勾选"隐藏已知文件类型的扩展名"复选框，单击"确定"按钮，如图7-56所示。

图 7-55 "此电脑"窗口

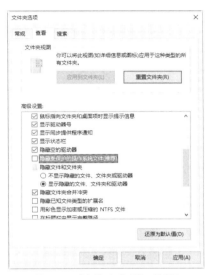

图 7-56 "文件夹选项"对话框

Step 03 打开U盘根目录，查看是否存在Autorun. info、msvcr71.dl、ravmone.exe等类似的异常文件，如果有将其删除即可，如图7-57所示。

图 7-57 U盘根目录

🔊提示：在U盘根目录默认正常状态下是没有隐藏文件的，如果发现有，那就要小心查看了，十有八九就是中招了！

7.4.2 实战2：一招使U盘丧失智能

由于在Windows 10系统中拥有移动设备即插即用的功能，所有硬件连接都能够自动检测自动安装驱动。如果希望禁止计算机使用U盘的话，最直接的办法就是禁用硬件检测服务，这样即使将U盘插到计算机对应接口也不会发现任何硬件设备。

禁用硬件检测服务的具体操作步骤如下。

Step 01 右击"▦"按钮，在弹出的快捷菜单中选择"命令提示符（管理员）"选项，如图7-58所示。

图7-58 "命令提示符（管理员）"选项

Step 02 打开"管理员：命令提示符"窗口，在其中输入sc config ShellHWDetection start= disabled命令并按Enter键，如果出现ChangeServiceConfig 成功提示信息就说明禁用硬件检测服务成功，如图7-59所示。

图7-59 禁用硬件检测服务

Step 03 如果想恢复硬件检测功能，可以直接运行sc config shellhwdetection start= auto命令，如图7-60所示。

图7-60 恢复硬件检测功能

第8章　网络账号及密码防护工具

随着网络用户的飞速增长，各种各样的网络账号及密码也越来越多，账号及密码被盗的情况也屡见不鲜。本章就来介绍网络账号及密码防护工具的使用。

8.1　密码破解工具

随着计算机和互联网的普及，越来越多的人习惯于把自己的隐私数据保存在个人计算机中，而黑客要想知道密码之后的信息，就需要利用密码破解工具来破解密码。下面介绍几款常见的密码破解工具，例如LC7、SAMInside等。

8.1.1　使用LC7进行破解

L0phtCrack v7，简称LC7，是一款网络管理员的必备的工具，它可以用来检测Windows用户是否使用了不安全的密码，同样也是Windows管理员账号密码破解工具。LC7工具的具体操作步骤如下。

Step 01 下载并安装LC7工具，选择"开始"→"程序"→L0phtCrack7菜单项，打开LC7工作界面，如图8-1所示。

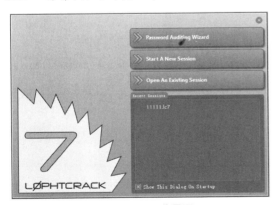

图8-1　LC7工作界面

Step 02 单击Password Auditing Wizard按钮，打开"LC7向导"对话框，如图8-2所示。

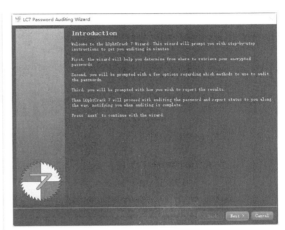

图8-2　"LC7向导"对话框

Step 03 单击Next按钮，在打开的对话框中选择要获得密码的计算机操作系统，这里选中Windows单选按钮，如图8-3所示。

图8-3　选择计算机操作系统

Step 04 单击Next按钮，在打开的对话框选择需要获得密码的计算机是本机器还是远程机器，这里选中The local machine单选按钮，如图8-4所示。

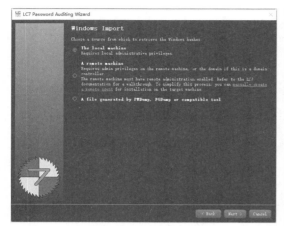

图8-4　选择计算机类型

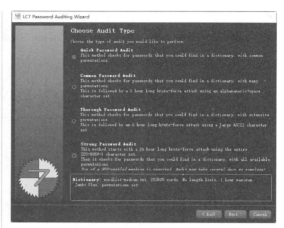

图8-6　选择破解方式

Step 05 单击Next按钮，在打开的对话框中选择是用登录的账户还是其他管理员账户，这里选中Use Logged-In User Credentials单选按钮，如图8-5所示。

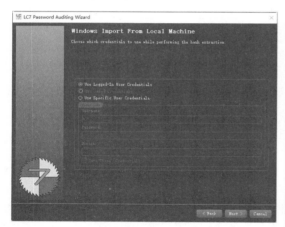

图8-5　选择账户类型

Step 06 单击Next按钮，在打开的对话框中选择密码爆破方式，这里选择快速破解方式，当然，也可以选择其他类型，如图8-6所示。

Step 07 单击Next按钮，在打开的对话框中可以设置报告的各种风格，这里选择默认风格，如图8-7所示。

Step 08 单击Next按钮，在打开的对话框中选择第一个立即执行这项工作，如图8-8所示。

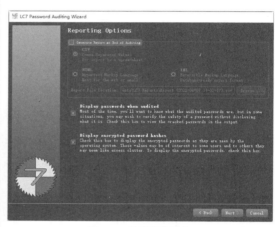

图8-7　选择报告风格

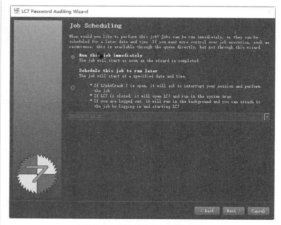

图8-8　立即执行破解操作

Step 09 单击Next按钮，进入Summary对话框，可以查看设置信息，如图8-9所示。

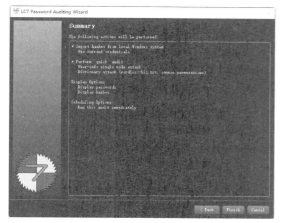

图 8-9 Summary 对话框

Step 10 单击Finish按钮，开始进行破解，如图8-10所示。在其中可以看到本机账户信息以及破解的具体进度。待破解完成后，可在Password列中看到破解账户的密码。

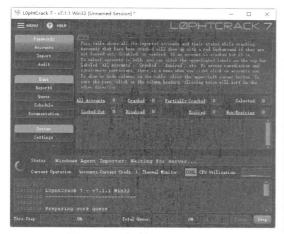

图 8-10 正在破解出账户的密码

8.1.2 SAMInside工具

SAMInside是一款由俄罗斯人出品的Windows密码恢复软件，其作用是恢复Windows的用户登录密码。与一般的Windows密码破解软件有所不同的是：SAMInside是将用户密码以可阅读的明文分式破解出来，而且可以使用分布式攻击方式，同时使用多台计算机进行密码的破解可以大大提高破解速度。

SAMInside工具的使用步骤如下。

Step 01 下载并运行SAMInside.exe文件，打开SAMInside主窗口，如图8-11所示。

图 8-11 SAMInside 主窗口

Step 02 单击"输入"按钮 ，在弹出的菜单中即可看到SAMInside软件提供的文件导入方法。SAMInside软件提供文件导入方法有"从SAM和SYSTEM注册表文件导入""从SAM注册表文件和用系统密钥文件导入""从PWDUMP文件导入""从*.HDT文件导入""从*.LCP文件导入""从*.LCS文件导入""从*.LC文件导入""从*.LST输入文件"8种，如图8-12所示。选择相应的文件即可破解出其密码。

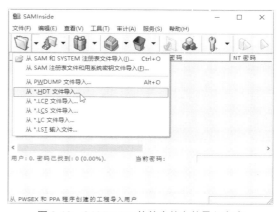

图 8-12 SAMInside 软件中的文件导入方式

Step 03 在扫描计算机密码前，需要先输入本地用户。单击"输入本地用户"按钮 ，在弹出的菜单中即可看到存在"使用LSASS"和"使用计划任务"2种导入本地用户的方法，如图8-13所示。

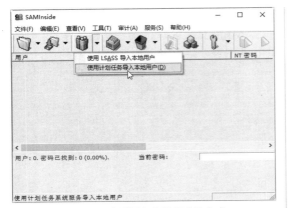

图 8-13　查看导入本地用户的方式

Step 04 这里选择"使用计划任务导入本地用户"选项，在下面的窗口中可看到本地计算机中所有的用户的信息，如图8-14所示。

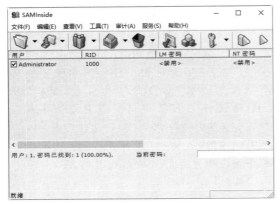

图 8-14　本地计算机中所有的用户的信息

Step 05 在"用户"列表中勾选要编辑的用户后，单击"用户"按钮 ，在弹出的菜单中选择"编辑用户"选项，打开"编辑用户"对话框，如图8-15所示。在其中可对选中的Administrator用户的信息进行重新编辑。

图 8-15　"编辑用户"对话框

Step 06 如果想添加新的用户，则单击"用

户"按钮 ，在弹出的菜单中选择"添加用户"选项，打开"添加用户"对话框，如图8-16所示。在其中输入相应的信息后，单击"添加"按钮即可添加一个新用户。

图 8-16　"添加用户"对话框

Step 07 在SAMInside主窗口中单击"删除用户"按钮 ，在弹出的菜单中选择"删除已找到的密码用户"选项，打开一个信息提示框，如图8-17所示。单击"是"按钮即可删除所有已找到的密码用户。

图 8-17　"是否删除所有没有找到密码的用户"对话框

Step 08 在SAMInside主窗口中单击"LM/NT-hash生成器"按钮 ，打开"LM/NT-hash生成器"对话框，如图8-18所示。

图 8-18　"LM/NT-hash 生成器"对话框

Step 09 在"密码"文本框中输入密码后，单击"添加"按钮，此时在SAMInside主窗口中可看到刚添加的LM和NT密码，如图8-19所示。

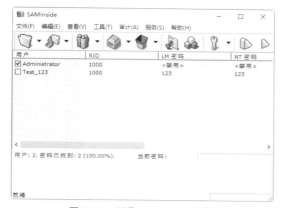

图 8-19　刚添加的 LM/NT 密码

Step 10 在SAMInside主窗口中单击"攻击"按钮 ，在弹出的菜单中选择攻击方式，开始进行密码破解，如图8-20所示。

图 8-20　开始进行密码破解

8.1.3　破解QQ账号与密码

QQ简单盗是一款经典的盗号软件，采用插入技术，本身不产生进程，因此难以被发现。它会自动生成一个木马，只要黑客将生成的木马发送给目标用户，并诱骗其运行该木马文件，就达到了入侵的目的。

使用QQ简单盗破解密码的具体操作步骤如下。

Step 01 下载并解压QQ简单盗文件夹，然后双击QQ简单盗.exe应用程序，打开"QQ简单盗"主窗口，如图8-21所示。

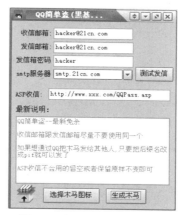

图 8-21　"QQ 简单盗"主窗口

Step 02 在"收信邮箱""发信邮箱"和"发信箱密码"文本框中分别输入邮箱地址和密码等信息；在"smtp服务器"下拉列表框中选择一种邮箱的SMTP服务器，如图8-22所示。

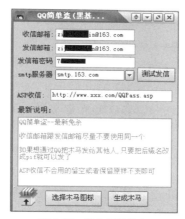

图 8-22　输入邮箱信息

Step 03 设置完毕后，单击"测试发信"按钮，打开"请查看您的邮箱是否收到测试信件"提示框，如图8-23所示。

图 8-23　信息提示框

Step 04 单击"OK"按钮，然后在浏览器登录邮箱，进入该邮箱首页，如图8-24所示。

图 8-24 "邮箱登录"页面

Step 05 打开接收到的"发信测试"邮件，进入该邮件的相应页面。能收到这样的信息，则表明"QQ简单盗"发消息功能正常，如图8-25所示。

图 8-25 查看邮箱信息

提示：一旦QQ简单盗截获到QQ的账号和密码，会立即将内容发送到指定的邮箱。

Step 06 在"QQ简单盗"主窗口中单击"选择木马图标"按钮，打开"打开"对话框，根据需要选择一个常见的不易被人怀疑的文件做图标，如图8-26所示。

图 8-26 "打开"对话框

Step 07 单击"打开"按钮，返回"QQ简单

盗"主窗口，在窗口的左下方可看到木马图标已经换成了普通图片，如图8-27所示。

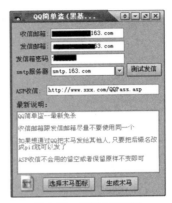

图 8-27 设置木马图片

Step 08 单击"生成木马"按钮，打开"另存为"对话框，在其中设置存放木马的位置和名称，如图8-28所示。

图 8-28 "另存为"对话框

Step 09 单击"保存"按钮，打开"提示"提示框，在其中显示生成的木马文件的存放位置和名称，如图8-29所示。

图 8-29 提示框

Step 10 单击"确定"按钮即可成功生成木马。打开存放木马所在的文件夹，可看到已做好的木马程序。此时盗号者会将它发送出去，哄骗QQ用户去运行它即可完成植入木马操作，如图8-30所示。

图 8-30　生成木马文件

8.2　QQ账号及密码防护工具

QQ聊天使广大网民打破了地域的限制，可以和任何地方的朋友进行交流，方便了工作和生活。但是随着QQ的普及，一些盗取QQ账号与密码黑客也活跃起来。

8.2.1　提升QQ账号的安全设置

QQ提供了保护用户隐私和安全的功能。通过QQ的安全设置，可以很好地保护用户的个人信息和账号的安全。

Step 01 打开QQ主界面，单击"系统设置"按钮，在弹出的列表中选择"设置"选项，如图8-31所示。

图 8-31　提示框

Step 02 打开"系统设置"对话框，选择"安全设置"选项，用户可以修改密码、设置QQ锁和文件传输的安全级别等，如图8-32所示。

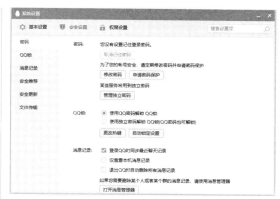

图 8-32　"系统设置"对话框

Step 03 选择"QQ锁"选项，用户可以设置QQ加锁功能，如图8-33所示。

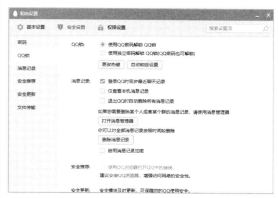

图 8-33　"QQ锁"设置界面

Step 04 选择"消息记录"选项，勾选"退出QQ时自动删除所有消息记录"复选框，并勾选"启用消息记录加密"复选框，然后输入相关口令，还可以设置加密口令提示，如图8-34所示。

图 8-34　"消息记录"设置界面

Step 05 选择"安全推荐"选项，QQ建议安装QQ浏览器，从而增强访问网络的安全性，如图8-35所示。

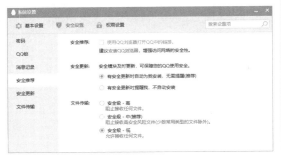

图8-35 "安全推荐"设置界面

Step 06 选择"安全更新"选项，用户可以设置安全更新的安装方式，一般选中"有安全更新时自动为我安装，无须提醒（推荐）"单选按钮，如图8-36所示。

图8-36 "安全更新"设置界面

Step 07 选择"文件传输"选项，在其中可以设置文件传输的安全级别，一般采用推荐设置即可，如图8-37所示。

图8-37 "文件传输"设置界面

8.2.2 使用金山密保来保护QQ号码

金山密保是针对用户安全上网时的密码保护需求而开发的一款密码保护产品，使用其可有效保护网上银行账号、网络游戏账号、QQ账号等。

使用金山密保保护QQ账号的具体操作步骤如下。

Step 01 下载并安装"金山密保"软件，选择"■"→"金山密保"菜单项，打开"金山密保"主界面，在其中可看到腾讯QQ软件正在被保护，此时QQ图标右下方会出现一个黄色的叹号，如图8-38所示。

图8-38 添加QQ软件

Step 02 右击QQ图标，在弹出的快捷菜单中选择"结束"选项，可停止对QQ的保护，此时黄色的叹号就会消失，如图8-39所示。

图8-39 停止对QQ的保护

Step 03 如果选择"设置"选项，则可打开"添加保护"对话框。在其中可设置程序的路径、程序名、运行参数等属性，如图8-40所示。

图8-40 "添加保护"对话框

提示：如果选择"从我的保护中移除"选项，可将QQ程序移出保护列表。如果想保护其他程序的话，需在"金山密保"主界面中单击"手动添加"按钮，在打开的对话框进行添加。

Step 04 在"金山密保"主界面中单击"木马速杀"按钮，打开"金山密保盗号木马专杀"对话框，在其中可对关键位置、系统启动项、保护游戏、保护程序等进行扫描，如图8-41所示。

图 8-41　扫描关键位置

8.2.3　QQ病毒木马专杀工具

QQ病毒木马专杀工具通过扫描计算机中的可疑文件启动项、服务加载项、注册表加载项，快速清除计算机中的QQ病毒、木马、流氓软件。在遇到无法清除的顽固文件的情况下，还可以用"文件粉碎"功能来彻底删除。

利用"QQ病毒木马专杀工具"查杀QQ木马的具体操作步骤如下。

Step 01 下载并运行"QQ病毒木马专杀"工具，打开"QQ病毒木马专杀工具"主界面，如图8-42所示。在其中即可看到有"手动查毒""注入查杀""闪电查杀"和"开机查杀"4种杀毒方式。

Step 02 切换到"查杀病毒"选项卡下，单击"手动查杀"按钮即可扫描出本机中存在风险的程序，如图8-43所示。

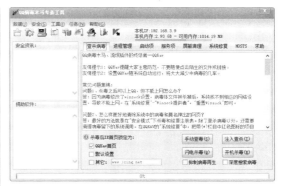

图 8-42　"QQ病毒木马专杀工具"主界面

图 8-43　扫描本机存在的风险程序

提示：在杀毒结束后，还可以进行自定义和锁定IE首页的操作。另外，为了更彻底地查杀病毒，则可勾选"抑制病毒再生"复选框和"深度搜索病毒"复选框。

Step 03 在"QQ病毒木马专杀工具"主界面中单击"注入查杀"按钮，打开"QQ病毒木马专杀工具"对话框，如图8-44所示。

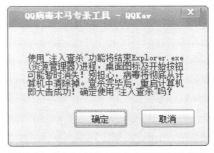

图 8-44　"QQ病毒木马专杀工具"对话框

Step 04 单击"确定"按钮，进行注入查杀操作。在注入查杀的过程中，如果发现木马文件，则会将其显示在上面的列表中，如图8-45所示。

图8-45 进行注入查杀

Step 05 待扫描结束后，会打开"确定现在重启计算机吗"对话框，如图8-46所示。单击"确定"按钮重启计算机即可完成注入查杀操作。

图8-46 "是否确定重启计算机"对话框

Step 06 在"QQ病毒木马专杀工具"主界面单击"闪电查杀"按钮，可对本机进行一次快速查毒，如图8-47所示。

图8-47 进行闪电杀毒

Step 07 为了彻底删除病毒文件，可以使用该工具的文件粉碎功能。在"QQ病毒木马专杀工具"主窗口选择"工具"→"文件粉

碎"命令项，打开"添加文件到可疑文件列表"对话框，如图8-48所示。

图8-48 "添加文件到可疑文件列表"对话框

Step 08 在选择要粉碎的文件后，单击"打开"按钮，可在"查杀病毒"选项卡下的列表中看到添加的可疑文件，如图8-49所示。

图8-49 添加的可疑文件

Step 09 选中添加的可疑文件，右击，在弹出的快捷菜单中选择"粉碎"选项，打开"是否彻底粉碎文件"对话框，如图8-50所示。单击"确定"按钮即可彻底粉碎选中的文件。

图8-50 "是否彻底粉碎文件"对话框

Step 10 在"QQ病毒木马专杀工具"主窗口选择"安全"菜单，在弹出的菜单中选中

各个选项，这样可以屏蔽恶意网站、QQ尾巴病毒、好友发送病毒、U盘病毒等，如图8-51所示。

图 8-51　设置"安全"菜单

Step 11 在"QQ病毒木马专杀工具"中还可以屏蔽和清理病毒。切换到"屏蔽清理"选项卡下，在其中可进行屏蔽和清理病毒操作，如图8-52所示。

图 8-52　"屏蔽清理"选项卡

Step 12 切换到"系统恢复"选项卡下，在其中可清理各种插件，还可以修改系统中各个组件，如图8-53所示。

图 8-53　"系统恢复"选项卡

8.3　邮箱账号及密码防护工具

随着计算机与网络的快速普及，电子邮件作为便捷的传输工具，在信息交流中发挥着重要的作用。很多大中型企业和个人已实现了无纸办公，所有的信息都以电子邮件的形式传送，其中包括了很多商业信息、工业机密和个人隐私。因此，电子邮件的安全性成为人们需要考虑的重点。

8.3.1　使用流光盗取邮箱密码

流光是一款绝好的FTP、POP3解密工具。在破解密码方面，它具有以下功能：加入了本地模式，在本机运行时不必安装Sensor；用于检测POP3/FTP主机中用户密码安全漏洞；高效服务器流模式，可同时对多台POP3/FTP主机进行检测；支持10个字典同时检测，提高破解效率。

使用流光破解密码具体的操作步骤如下。

Step 01 运行流光程序，主界面显示如图8-54所示。

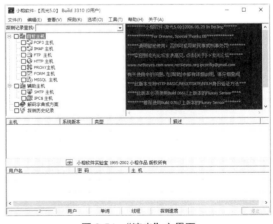

图 8-54　"流光"主界面

Step 02 勾选"POP3主机"复选框，选择"编辑"→"添加"→"添加主机"菜单项，如图8-55所示。

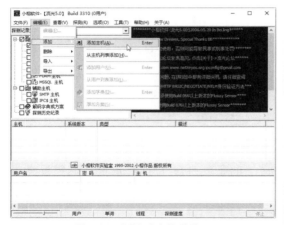

图 8-55 "添加主机"菜单项

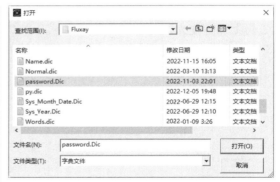

图 8-58 "添加主机"对话框

Step 03 打开"添加主机"对话框，在文本框输入要破解的POP3服务器地址，单击"确定"按钮，如图8-56所示。

图 8-56 "添加主机"对话框

Step 04 勾选刚添加的服务器地址前的复选框，选择"编辑"→"添加"→"添加用户"菜单项，打开"添加用户"对话框，在文本框中输入要破解的用户名，单击"确定"按钮，如图8-57所示。

图 8-57 "添加用户"对话框

Step 05 勾选"解码字典或方案"复选框，选择"编辑"→"添加"→"添加字典"菜单项，打开"打开"对话框，选择要添加的字典文件，单击"打开"按钮，如图8-58所示。

Step 06 单击"探测"→"标准模式探测"命令，开始进行探测，右窗格中显示实时探测过程。如果字典选择正确，就会破解出正确的密码，如图8-59所示。

图 8-59 "添加用户"对话框

8.3.2 找回被盗的邮箱密码

如果邮箱密码已经被黑客窃取甚至篡改，此时用户应该尽快将密码找回并修改密码以避免重要的资料丢失。目前，绝大部分的邮箱都提供有恢复密码功能，使用该功能找回邮箱密码，以便邮箱服务的继续使用。

下面介绍找回QQ邮箱密码的具体操作步骤。

Step 01 首先在浏览器中打开QQ邮箱的登录页面（https://mail.qq.com/），如图8-60所示。

Step 02 单击"找回密码"超链接，进入"找回密码"窗口，在其中输入账号，如图8-61所示。

图 8-60　QQ 邮箱的登录页面

图 8-61　"找回密码"窗口

Step 03 单击"下一步"按钮，拖动滑块完成拼图，如图8-62所示。

图 8-62　拖动滑块完成拼图

Step 04 进入"身份验证"界面，在其中提供了身份验证的方式，如图8-63所示。

图 8-63　"身份验证"界面

Step 05 选择"手机号验证"，进入手机号码

验证页面，在其中输入手机号码与验证码，如图8-64所示。

图 8-64　输入手机号

Step 06 单击"下一步"按钮，进入设置新密码界面，输入新密码，如图8-65所示。

图 8-65　输入密码

Step 07 单击"确定"按钮，完成密码的重置，并显示重置密码成功信息提示，如图8-66所示。

图 8-66　完成密码的重置

8.3.3　通过邮箱设置防止垃圾邮件

在电子邮箱的使用过程中，遇到垃圾邮件是很正常的事情，那么如何处理这些垃圾邮件呢？用户可以通过邮箱设置防止垃圾邮件。下面以在QQ邮箱中设置防止垃圾邮件为例，介绍通过邮箱设置防止垃圾邮件的方法，具体的操作步骤如下。

Step 01 在QQ邮箱工作界面中单击"设置"

超链接，进入"邮箱设置"页面，如图8-67
所示。

图 8-67 "邮箱设置"页面

Step 02 在"邮箱设置"页面中单击"反垃圾"选项，进入"反垃圾"设置页面，如图8-68所示。

图 8-68 "反垃圾"设置页面

Step 03 单击"设置邮件地址黑名单"链接，进入"设置邮件地址黑名单"页面，在其中输入邮箱地址，如图8-69所示。

图 8-69 输入邮箱地址

Step 04 单击"添加到黑名单"按钮，可将该邮箱地址添加到黑名单列表之中，如图8-70所示。

Step 05 单击"返回'反垃圾'设置"超链接，进入"反垃圾"页面，在"反垃圾选项"页面中选中"拒绝"单选按钮，如图

8-71所示。

图 8-70 添加邮箱到黑名单列表

图 8-71 "反垃圾选项"页面

Step 06 在"邮件过滤提示"页面中选中"启用"单选按钮，这样有邮件被过滤时会给出相应的提示，单击"保存更改"按钮即可保存修改，如图8-72所示。

图 8-72 "邮件过滤提示"页面

8.4 网游账号及密码防护工具

如今网络游戏可谓风靡一时，而大多数网络游戏玩家都在公共网吧中来玩，这就给一些不法分子以可乘之机。只要能够突破网吧管理软件的限制，就可以使用盗号木马来轻松盗取大量的网络游戏账号。本节介绍一些常见网络游戏账号的盗取及防范方法，以便于玩家能切实保护好自己账号和密码。

8.4.1 使用盗号木马盗取账号的防护

在一些公共的上网场所（如网吧），使用木马盗取网络游戏玩家的账号、密码是比较常见的。如一种情况就是：一些不发

分子故意将盗号木马种在网吧计算机中，等其他人在这台计算机上玩网络游戏的时候，种植的木马程序就会偷偷的把账号、密码记录下来，并保存在隐蔽的文件中或直接根据实际设置发送到黑客指定的邮箱中。

针对这些情况，用户可以在登录网游账号之前，使用瑞星、金山毒霸等杀毒软件扫描各个存储空间，以查杀这些木马。下面以使用360系统急救箱中的顽固病毒木马专杀工具为例，介绍查杀盗号病毒木马的具体操作步骤。

Step 01 双击桌面上的360系统急救箱快捷图标，打开"360系统急救箱"工作界面，并自动检测和更新信息，如图8-73所示。

图 8-73　检测和更新信息

Step 02 检测和更新完毕后，进入"360系统急救箱"工作界面，并选择扫描模式，如图8-74所示。

图 8-74　"360系统急救箱"工作界面

Step 03 单击"开始急救"按钮，扫描计算机中的顽固病毒木马，如图8-75所示。

图 8-75　扫描顽固病毒木马

Step 04 扫描完成后，打开"详细信息"页面，在其中给出扫描结果，对于扫描出来的病毒木马可直接进行清除，如图8-76所示。

图 8-76　清除病毒木马

8.4.2　使用远程控制方式盗取账号的防护

使用远程控制方式来盗取网游账号是一种比较常见的盗号方式，通过该方式可以远程查看、控制目标计算机，从而拦截用户的输入信息，达到窃取账号和密码的目的。

针对这种情况，防御起来并不难，因为远程控制工具或者是木马肯定要访问网络，因此只要在计算机中安装有金山网镖等网络防火墙，就一定会逃不过网络防火墙的监视和检测。因为金山网镖一直将具有恶意攻击的远程控制木马加到病毒库中，这样有利于对这类最新的木马进行查杀。

使用金山网镖拦截远程盗号木马或恶意攻击的具体操作步骤如下。

Step 01 双击桌面上的金山网镖快捷图标，打开"金山网镖"程序主界面，在该界面中可查看当前网络的接受流量、发送流量和当前网络活动状态，如图8-77所示。

图 8-77 "金山网镖"主界面

Step 02 选择"应用规则"选项卡，在该界面中可对互联网监控和局域网监控的安全级别进行设置，还可对防隐私泄露相关参数进行开启或关闭的设置，如图8-78所示。

图 8-78 "应用规则"选项卡

Step 03 单击"IP规则"按钮，在弹出面板中单击"添加"按钮，如图8-79所示。

Step 04 打开"IP规则编辑器"对话框，在该对话框中的相应文本框中输入要添加的自定义IP规则名称、描述，对方IP地址，数据传输方向，数据协议类型，端口以及匹配条件时的动作等，如图8-80所示。

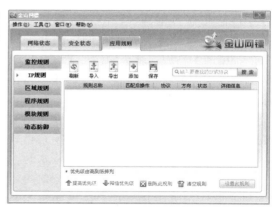

图 8-79 "IP 规则"主界面

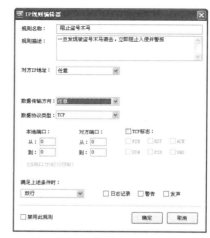

图 8-80 "IP 规则编辑器"对话框

Step 05 设置完毕后，单击"确定"按钮，可看到刚添加的IP规则。单击"设置此规则"按钮即可重新设置IP规则，如图8-81所示。

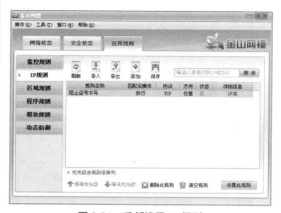

图 8-81 重新设置 IP 规则

Step 06 选择"工具"→"综合设置"菜单项，打开"综合设置"对话框，在该界面中可对是否开机自动运行金山网镖以及受到攻击时的报警声音进行设置，如图8-82所示。

图 8-82 "综合设置"对话框

Step 07 选择"ARP防火墙"选项，可在打开的界面中对是否开启木马防火墙进行设置，如图8-83所示。

图 8-83 "ARP 防火墙"设置界面

Step 08 单击"确定"按钮，即可保存综合设置，这样一旦本机系统遭受木马或有害程序的攻击，金山网镖即刻会给出相应的警告信息，用户可根据提示进行相应的处理。

8.5 实战演练

8.5.1 实战1：找回被盗的QQ账号密码

通过QQ申诉可以找回密码，在找回密码的过程中，用户自己的QQ好友也可以辅助进行。下面介绍通过QQ申诉找回密码的具体操作步骤。

Step 01 双击桌面上的QQ登录快捷图标，打开"QQ登录"窗口，如图8-84所示。

图 8-84 "QQ 登录"窗口

Step 02 单击"找回密码"超链接，进入"QQ安全中心"页面，如图8-85所示。

图 8-85 "QQ 安全中心"页面

Step 03 单击"点击完成验证"链接，打开验证页面，在其中根据提示完成安全验证，如图8-86所示。

图 8-86 验证页面

Step 04 单击"验证"按钮，完成安全验证，提示用户验证通过，如图8-87所示。

图 8-87　用户验证通过

Step 05 单击"确定"按钮，进入身份验证页面，在其中单击"免费获取验证码"按钮，这时QQ安全中心会给密保手机发送一个验证码，在下面的文本框中输入收到的验证码，如图8-88所示。

图 8-88　输入收到的验证码

Step 06 单击"确定"按钮，进入"设置新密码"页面，在其中输入设置的新密码，如图8-89所示。

图 8-89　"设置新密码"页面

Step 07 单击"确定"按钮，重置密码成功，这样就找回了被盗的QQ账号密码，如图8-90所示。

图 8-90　重置密码成功

8.5.2　实战2：微信手机钱包的安全设置

微信支付已经是当前最流行的支付方式之一了，因此，对微信手机钱包的安全设置非常重要，安全设置的操作步骤如下。

Step 01 在手机微信中进入"服务"页面，如图8-91所示。

图 8-91　"服务"页面

Step 02 点按"钱包"图标，进入"钱包"页面，如图8-92所示。

Step 03 点按"支付设置"选项，进入"支付设置"界面，在其中可以修改或找回支付密码，如图8-93所示。

图 8-92　"钱包"页面

图 8-93　"支付设置"界面

第9章　进程与注册表管理工具

每个使用计算机的用户，都希望自己的计算机系统能够时刻保持在较佳的状态稳定安全地运行。然而，在实际的工作和生活中，又总是避免不了出现许多问题。本章就来介绍系统进程与注册表管理工具的使用。

9.1　系统进程管理工具

在使用计算机的过程中，用户可以利用专门的系统进程管理工具对计算机中的进程进行检测，以发现黑客的踪迹，并及时采取相应的措施。

9.1.1　使用任务管理器管理进程

进程是指正在运行的程序实体，并且包括这个运行的程序中占据的所有系统资源。如果自己的计算机突然运行速度慢了下来，就需要到"任务管理器"窗口查看一下是否有木马病毒程序正在后台运行，具体的操作步骤如下。

Step 01 按下键盘上的Ctrl+Alt+Del组合键，打开"任务管理器"界面，如图9-1所示。

图9-1　"任务管理器"界面

Step 02 单击"任务管理器"选项，打开"任务管理器"窗口，选择"进程"选项卡，可看到本机中开启的所有进程，如图9-2所示。

Step 03 在进程列表中选择需要查看的进程，右击，在弹出的快捷菜单中选择"属性"选项，如图9-3所示。

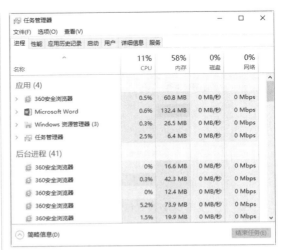

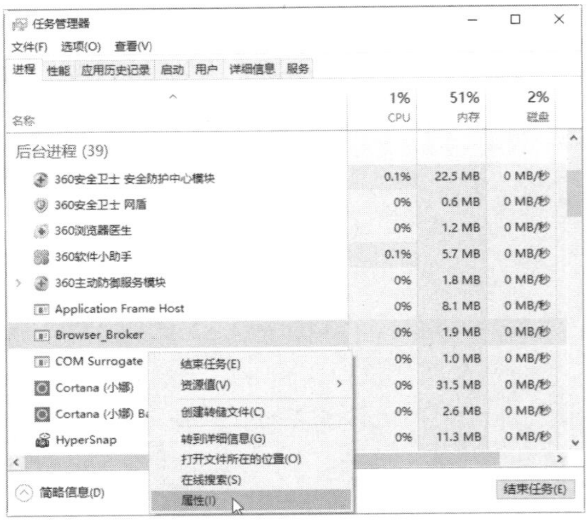

图9-2　"进程"选项卡

图9-3　"属性"选项

Step 04 打开"browser_broker.exe属性"对话框，在此可以看到该进程的文件类型、描述、位置、大小、占用空间等属性，如图9-4所示。

图 9-4　"进程"选项卡

图 9-6　"数字签名"选项卡

Step 05 单击"高级"按钮，打开"高级属性"对话框，在此可以设置文件属性和压缩或加密属性，单击"确定"按钮保存设置，如图9-5所示。

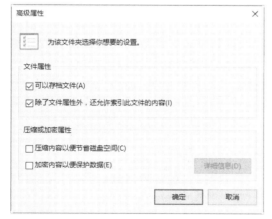

图 9-5　"高级属性"对话框

Step 06 选择"数字签名"选项卡，可以看到签名者的相关信息，如图9-6所示。

Step 07 选择"安全"选项卡，可以看到不同的用户对进程的权限，单击"编辑"按钮，可以更改相关权限，如图9-7所示。

图 9-7　"安全"选项卡

Step 08 选择"详细信息"选项卡，可以查看进程的文件说明、类型、产品版本、大小等信息，如图9-8所示。

图 9-8 "详细信息"选项卡

Step 09 选择"以前的版本"选项卡，可以恢复到以前的状态，查看完成后，单击"确定"按钮即可，如图9-9所示。

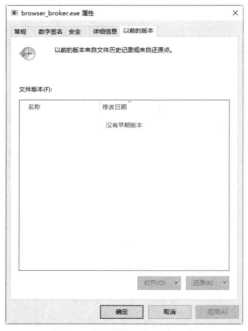

图 9-9 "以前的版本"选项卡

Step 10 在进程列表中查找多余的进程，然

后在映像上右击，在弹出的快捷菜单中选择"结束进程"选项，即可结束选中的进程，如图9-10所示。

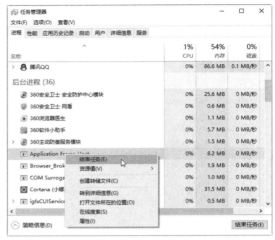

图 9-10 "结束进程"选项

9.1.2 使用Process Explorer管理进程

Process Explorer是一款增强型的任务管理器，用户可以使用它管理计算机中的程序进程，能强行关闭任何程序，包括系统级别的不允许随便终止的"顽固"进程。除此之外，它还详尽地显示计算机信息，如CPU、内存使用情况等。使用Process Explorer管理系统进程的操作步骤如下。

Step 01 双击下载的Process Explorer进程管理器，打开其工作界面，在其中可以查看当前系统中的进程信息，如图9-11所示。

图 9-11 查看进程信息

Step 02 选中需要结束的危险进程，选择"进程"→"结束进程"选项，如图9-12所示。

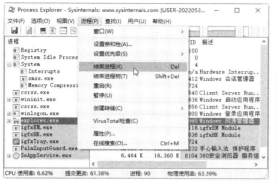

图9-12　结束进程

Step 03 打开信息提示框，提示用户是否确定要终止选中的进程，单击"确定"按钮，即可结束选中的进程，如图9-13所示。

图9-13　信息提示框

Step 04 在Process Explorer进程管理器工作界面中，选择"进程"→"设置优先级"选项，在弹出的子菜单中为选中的进程设置优先级，如图9-14所示。

图9-14　"设置优先级"选项

Step 05 利用Process Explorer进程查看器还可以结束进程树，在结束进程树之前，需要先在"进程"列表中选择要结束的进程

树，右击，在弹出的快捷菜单中选择"结束进程树"选项，如图9-15所示。

图9-15　"结束进程树"选项

Step 06 打开"是否要结束进程树"信息提示框，单击"确定"按钮结束选定的进程树，如图9-16所示。

图9-16　信息提示框

Step 07 在Process Explorer进程查看器中还可以设置进程的处理器关系，右击需要设置的进程，在弹出的快捷菜单中选择"设置亲和性"选项，打开"处理器亲和性"对话框。在其中勾选相应的复选框后，单击"确定"按钮即可设置哪个CPU执行该进程，如图9-17所示。

图9-17　"处理器亲和性"对话框

Step 08 在Process Explorer进程查看器中还可以查看进程的相应属性，右击需要查看属性的进程，在弹出的快捷菜单中选择"属

性"选项，打开"smss.exe:412属性"对话框，如图9-18所示。

图 9-18 "smss.exe:412 属性"对话框

Step 09 在Process Explorer进程查看器中还可以找到相应的进程。在Process Explorer主窗口中选择"查找"→"查找进程或句柄"菜单项，打开"Process Explorer搜索"对话框，在其中文本框中输入"dll"，如图9-19所示。

图 9-19 "Process Explorer 搜索"对话框

Step 10 单击"搜索"按钮，可列出本地计算机中所有"dll"类型的进程，如图9-20所示。

Step 11 在Process Explorer进程查看器中可以查看句柄属性。在Process Explorer主窗口的工具栏中单击"显示下排窗口"按钮，然后在"进程"列表中单击某个进程即可在下面的窗格中显示中该进程包含的句柄，如图9-21所示。

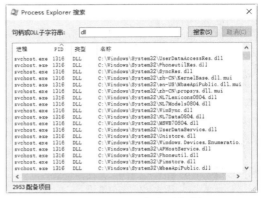

图 9-20 显示"dll"类型的进程

图 9-21 显示进程包含的句柄信息

Step 12 在Process Explorer进程管理器工作界面中，单击工具栏中的CPU方块，打开"系统信息"对话框，在CPU选项卡下可以查看当前CPU的使用情况，如图9-22所示。

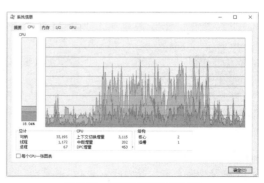

图 9-22 "系统信息"对话框

Step 13 选择"内存"选项卡，在其中可以查看当前系统的系统提交比例、物理内存以及提交更改等信息，如图9-23所示。

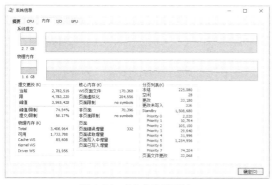

图 9-23　"内存"选项卡

Step 14 选择I/O选项卡，在其中可以查看当前系统的I/O信息，包括读取增量、写入增量、其他增量等，如图9-24所示。

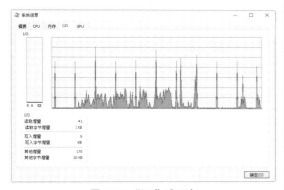

图 9-24　"I/O"选项卡

Step 15 选择GPU选项卡，在其中可以查看当前系统的GPU使用、专用显存和系统显存的使用情况，如图9-25所示。

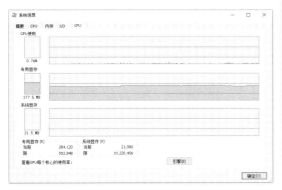

图 9-25　GPU 选项卡

Step 16 如果想要一次性查看当前系统信息，可以选择"摘要"选项卡，在打开的界面中可以查看当前系统的CPU、系统提交、物理内存、I/O的使用情况，如图9-26所示。

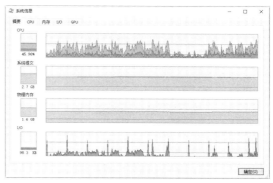

图 9-26　"摘要"选项卡

9.1.3　使用Windows进程管理器管理进程

Windows进程管理器具有丰富强大的进程信息数据库，包含了几乎全部的Windows系统进程和大量的常用软件进程，以及不少的病毒和木马进程，并且按其安全等级进行区分。另外，该软件提供查看进程文件路径的功能，用户可以根据进程的实际路径来判断其是否为正常进程。对于危险进程，可以使用"删除文件"功能将其结束并删除，这对于用户维护系统安全与稳定很有帮助。

使用Windows进程管理器管理系统进程的操作步骤如下。

Step 01 双击Windows进程管理器可执行文件，打开"Windows进程管理器"工作窗口，在其中显示了当前系统的进程信息，如图9-27所示。

Step 02 选中需要结束的进程，单击"进程管理"选项卡下的"结束进程"按钮，打开一个"提示"对话框，提示用户是否确定要结束选中的进程，单击"是"按钮即可结束进程，如图9-28所示。

图 9-27　显示系统进程信息

图 9-28　"提示"对话框

Step 03 选中需要暂停的进程，单击"进程管理"选项卡下的"暂停进程"按钮，打开一个"提示"对话框，提示用户是否确定要暂停选中的进程，单击"是"按钮即可暂停进程，如图9-29所示。

图 9-29　是否暂停选中的进程

Step 04 选中需要删除的进程，单击"进程管理"选项卡下的"删除进程"按钮，打开一个"提示"对话框，提示用户是否确定要删除选中的进程，单击"是"按钮即可删除进程，如图9-30所示。

图 9-30　是否删除选中的进程

Step 05 选中需要查看属性的进程，单击"进程管理"选项卡下的"查看属性"按钮，打开"属性"对话框，在其中可查看选中进程的属性，包括文件类型、大小、数字签名、安全等信息，如图9-31所示。

图 9-31　"属性"对话框

Step 06 选中需要查看进程文件位置的进程，单击"进程管理"选项卡下的"文件定位"按钮，打开"应用程序工具"窗口，在其中显示了进程文件在Windows系统中所在位置，从而定位文件的位置，如图9-32所示。

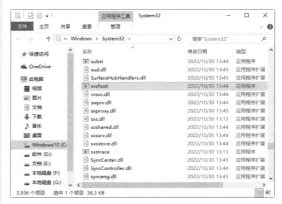

图 9-32　定位文件的位置

Step 07 选中需要处理的进程文件，右击，在弹出的快捷菜单中也可以对进程进行结束、暂停、删除等操作，如图9-33所示。

图 9-33　快捷菜单

🔊**提示：** 在Windows进程管理器窗口中，正常进程，如正常的系统或应用程序进程，是安全的，文字显示的颜色为黑色；可疑进程，如容易被病毒或木马利用的正常进程，要求用户留心观看，文字显示的颜色为绿色；危险进程，如病毒或木马进程，文字显示的颜色为红色，这样可以让用户在查询进程时一目了然地分辨出进程是否安全。

9.2　注册表安全管理工具

注册表是Microsoft Windows中的一个重要的数据库，用于存储系统和应用程序的设置信息，在系统中起着非常重要的作用。

9.2.1　禁止访问注册表

几乎计算机中所有针对硬件、软件、网络的操作都是源于注册表的，如果注册表被损坏，整个计算机将会一片混乱。因此，防止注册表被修改是保护注册表的首要方法。

用户可以在组策略中禁止访问注册表

编辑器，具体的操作步骤如下。

Step 01 选择"▦"→"运行"菜单项，在打开的"运行"对话框中输入gpedit.msc命令，如图9-34所示。

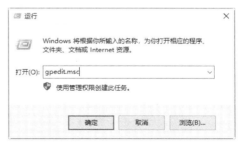

图 9-34　"运行"对话框

Step 02 单击"确定"按钮，在"本地组策略编辑器"窗口，依次展开"用户配置"→"管理模板"→"系统"项，进入"系统"界面，如图9-35所示。

图 9-35　"系统"界面

Step 03 双击"阻止访问注册表编辑工具"选项，打开"阻止访问注册表编辑工具"对话框。从中选中"已启用"单选项，然后单击"确定"按钮，完成设置操作，如图9-36所示。

Step 04 选择"▦"→"运行"菜单项，在打开的"运行"对话框中输入regedit.exe命令，然后单击"确定"按钮，可看到"注册编辑已被管理员禁用"提示信息。此时表明注册表编辑器已经被管理员禁用，如图9-37所示。

图 9-36 "阻止访问注册表编辑工具"对话框

图 9-37 信息提示框

9.2.2 注册表清理工具

Wise Registry Cleaner是一款安全的注册表清理工具，可以安全快速地扫描注册表中的垃圾文件，并予以清理。使用Wise Registry Cleaner清理注册表的具体操作步骤如下。

Step 01 下载并安装Wise Registry Cleaner安装程序，在"Wise Registry Cleaner安装向导完成"对话框中单击"完成"按钮，打开Choose Language（选择语言）对话框，如图9-38所示。

图 9-38 Choose Language 对话框

Step 02 在Choose Language（选择语言）对话框中的语言列表中选择Chinese（Smpified）（简体中文），如图9-39所示。

图 9-39 选择简体中文

Step 03 单击OK按钮，打开"确认"对话框，如图9-40所示。

图 9-40 "确认"对话框

Step 04 单击"是"按钮，启动Wise Registry Cleaner，程序会自动弹出如图9-41所示的一个创建系统还原点的提示。

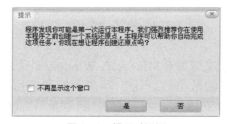

图 9-41 提示对话框

Step 05 单击"是"按钮，打开"备份"对话框，根据提示备份注册表，如图9-42所示。

图 9-42 "备份"对话框

Step 06 在注册表备份完成后，打开Wise Registry Cleaner窗口，如图9-43所示。

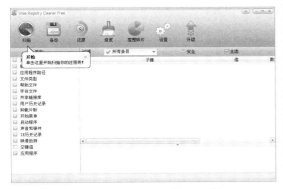

图9-43 Wise Registry Cleaner 窗口

Step 07 在Wise Registry Cleaner窗口中单击"扫描"按钮，开始扫描注册表中的垃圾文件，如图9-44所示。

图9-44 扫描注册表中的垃圾文件

Step 08 扫描完成后，在右侧的窗格中将显示出所有有问题的注册表文件，如图9-45所示。

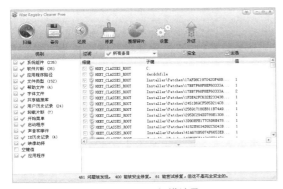

图9-45 显示扫描结果

Step 09 单击工具栏中的"整理碎片"按钮，打开Wise Registry Defragment对话框，如图9-46所示。

图9-46 Wise Registry Defragment 对话框

Step 10 单击"分析注册表"按钮，开始分析注册表中的无用碎片文件，如图9-47所示。

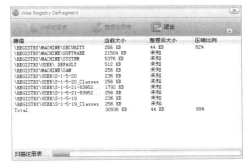

图9-47 显示无用碎片文件

Step 11 扫描注册表完成后，可显示出注册表中当前键值的大小和整理后的大小，如图9-48所示。

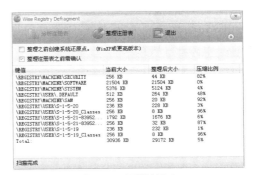

图9-48 扫描注册表

Step 12 单击"整理注册表"按钮，打开确定现在压缩注册表信息提示框。单击"确定"按钮，开始压缩注册表文件，即整理注册表文件中的碎片，如图9-49所示。

图9-49 "确认"对话框

9.2.3 注册表优化工具

Registry Mechanic是一款"傻瓜型"注册表检测修复工具。即使用户一点都不懂注册表，也可以在几分钟之内修复注册表中的错误。使用Registry Mechanic修复注册表的具体操作步骤如下。

Step 01 下载并安装Registry Mechanic程序，打开Registry Mechanic程序工作界面，如图9-50所示。

图9-50 程序工作界面

Step 02 单击"开始扫描"按钮，打开"扫描结果"对话框，在其中显示了Registry Mechanic扫描注册表的进度和发现问题的个数，如图9-51所示。

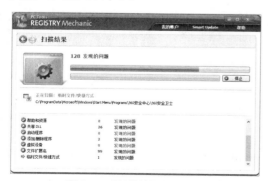

图9-51 "扫描结果"对话框

Step 03 扫描完成后，可在"扫描结果"对话框中显示扫描出来的问题列表，并在右上角显示相关的注意信息，如图9-52所示。

图9-52 显示扫描出来的问题列表

Step 04 单击"修复"按钮，即可修复扫描出来的注册表错误信息，修复完毕后，将打开修复完成的信息提示，如图9-53所示。

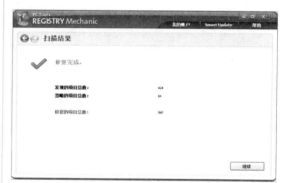

图9-53 修复完成的信息提示

Step 05 在"修复完成"对话框中单击"继续"按钮，打开Registry Mechanic操作界面，如图9-54所示。

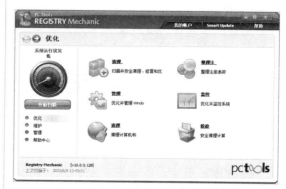

图9-54 Registry Mechanic 操作界面

Step 06 在左侧的设置区域中选择"管理"选项，打开"管理"设置界面，如图9-55所示。

图9-55　"管理"设置界面

Step 07 单击"设置"按钮，打开"设置"界面，在"选项"设置区域中选择"常规"选项，在右侧可以根据需要设置扫描并修复选项、是否打开日志文件以及语言等信息，如图9-56所示。

图9-56　"常规"选项

Step 08 选择"自定义扫描"选项，在右侧的"您希望自定义扫描期间扫描哪些分区"列表中勾选需要扫描的分区，如图9-57所示。

图9-57　"自定义扫描"选项

Step 09 选择"扫描路径"选项，在右侧的"您希望扫描涵盖哪些位置"列表中勾选要扫描的路径，如图9-58所示。

图9-58　"扫描路径"选项

Step 10 选择"忽略列表"选项，在右侧可以通过"添加"按钮设置忽略的值和键，如图9-59所示。

图9-59　"忽略列表"选项

Step 11 选择"隐私"选项，在右侧可以根据需要勾选"全面清除IE使用痕迹"和"隐藏磁盘空间过低警告"复选框，如图9-60所示。

图9-60　"隐私"选项

Step 12 选择"调度程序"选项，在右侧可以对任务的相关选项进行设置，如图9-61所示。单击"保存"按钮即可保存设置。

图 9-61 "调度程序"选项

9.3 实战演练

9.3.1 实战1：禁止访问控制面板

黑客可以通过控制面板进行多项系统的操作，用户若不希望他们访问自己的控制面板，可以在"本地组策略编辑器"窗口中启用"禁止访问控制面板"功能，具体的操作步骤如下。

Step 01 右击"▦"按钮，在弹出的快捷菜单中选择"运行"选项，打开"运行"对话框，在"打开"文本框中输入gpeddit.msc命令，如图9-62所示。

图 9-62 "运行"对话框

Step 02 单击"确定"按钮，打开"本地组策略编辑器"窗口，在其中依次展开"用户配置"→"管理模板"→"控制面板"

项，进入"控制面板"设置界面，如图9-63所示。

图 9-63 "本地组策略编辑器"窗口

Step 03 右击"禁止访问控制面板和PC设置"选项，在弹出的快捷菜单中选择"编辑"选项，或双击"禁止访问控制面板和PC设置"选项，如图9-64所示。

图 9-64 "控制面板"设置界面

Step 04 打开"禁止访问'控制面板'和PC设置"对话框，在其中选中"已启用"单选按钮，单击"确定"按钮，完成禁止控制面板程序文件的启动，使得其他用户无法启动控制面板。此时还会将"▦"菜单中的"控制面板"命令、Windows资源管理器中的"控制面板"文件夹同时删除，彻底禁止访问控制面板，如图9-65所示。

图9-65　选中"已启用"单选按钮

9.3.2　实战2：启用和关闭快速启动功能

使用系统中的"启用快速启动"功能，可以加快系统的开机启动速度，启用和关闭快速启动功能的具体操作步骤如下。

Step 01 单击"■"按钮，在打开的"开始屏幕"中选择"控制面板"选项，打开"控制面板"窗口，单击"查看方式"右侧的下拉按钮，在弹出的下拉列表中选择"大图标"选项，打开"所有控制面板项"窗口，如图9-66所示。

图9-66　"控制面板"窗口

Step 02 单击"电源选项"图标，打开"电源选项"设置界面，如图9-67所示。

Step 03 单击"选择电源按钮的功能"超链接，打开"系统设置"窗口，在"关机设置"区域中勾选"启用快速启动（推荐）"

复选框，单击"保存修改"按钮即可启用快速启动功能，如图9-68所示。

图9-67　"电源选项"设置界面

图9-68　"系统设置"窗口

Step 04 如果想要关闭快速启动功能，则可以取消对"启用快速启动（推荐）"复选框的勾选，然后单击"保存修改"按钮即可，如图9-69所示。

图9-69　关闭快速启动功能

第10章 局域网安全防护工具

局域网作为计算机网络的一个重要组成部分已经被广泛应用于社会的各个领域。目前黑客利用各种专门攻击局域网工具对局域网进行攻击，例如局域网查看工具、局域网攻击工具等。

10.1 局域网查看工具

利用专门的局域网查看工具可以查看局域网中各个主机的信息，本节将介绍两款非常方便实用的局域网查看工具。

10.1.1 使用LanSee工具

局域网查看工具（LanSee）是一款对局域网上的各种信息进行查看的工具。它集成了局域网搜索功能，可以快速搜索出局域网内的计算机（包括计算机名，IP地址，MAC地址，所在工作组，用户），共享资源，共享文件；可以捕获各种数据包（TCP、UDP、ICMP、ARP），甚至可以从流过网卡的数据中嗅探出QQ号码、音乐、视频、图片等文件。

使用该工具查看局域网中各种信息的具体操作步骤如下。

Step 01 双击下载的"局域网查看工具"程序，打开"局域网查看工具"主界面，如图10-1所示。

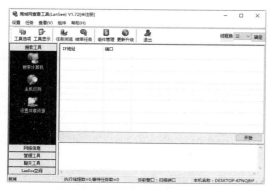

图 10-1 "局域网查看工具"主界面

Step 02 在工具栏中单击"工具选项"按钮，打开"选项"对话框，选择"搜索计算机"选项卡，在其中设置扫描计算机的起始IP段和结束IP地址段等属性，如图10-2所示。

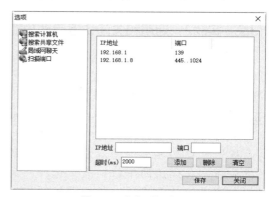

图 10-2 "选项"对话框

Step 03 选择"搜索共享文件"选项卡，在其中可添加和删除文件类型，如图10-3所示。

图 10-3 添加或删除文件类型

Step 04 选择"局域网聊天"选项卡，在其中可以设置聊天时使用的用户名和备注，如图10-4所示。

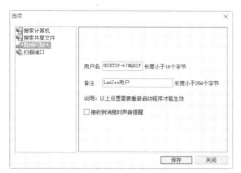

图 10-4 设置用户名和备注

Step 05 选择"扫描端口"选项卡，在其中可设置要扫描的IP地址、端口、超时等属性，设置完毕后单击"保存"按钮即可保存各项设置，如图10-5所示。

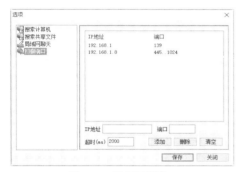

图 10-5 设置扫描端口

Step 06 在"局域网查看工具"主界面中单击"开始"按钮，即可搜索出指定IP段内的主机，在其中可看到各个主机的IP地址、计算机名、工作组、MAC地址等属性，如图10-6所示。

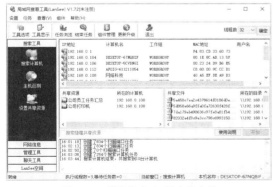

图 10-6 搜索指定 IP 段内的主机

Step 07 如果想与某个主机建立连接，可在搜

索到的主机列表中右击该主机，在弹出的快捷菜单中选择"打开计算机"选项，打开"Windows安全"对话框，在其中输入该主机的用户名和密码后，单击"确定"按钮，可与该主机建立连接，如图10-7所示。

图 10-7 "Windows 安全"对话框

Step 08 在"搜索工具"栏目下单击"主机巡测"按钮，打开"主机巡测"窗口，单击其中的"开始"按钮即可进行搜索在线的主机，在其中可看到在线主机的IP地址、MAC地址、最近扫描时间等信息，如图10-8所示。

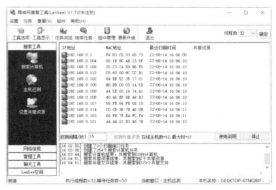

图 10-8 搜索在线的主机

Step 09 在"局域网查看工具"中还可以对共享资源进行设置。在"搜索工具"栏目下单击"设置共享资源"按钮，打开"设置共享资源"窗口，如图10-9所示。

Step 10 单击"共享目录"文本框后的"浏览"按钮，打开"浏览文件夹"对话框，如图10-10所示。

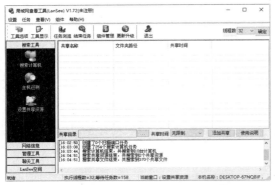

图 10-9　"设置共享资源"窗口

图 10-10　"浏览文件夹"对话框

Step 11 在其中选择需要设置为共享文件的文件夹后，单击"确定"按钮，可在"设置共享资源"窗口中看到添加的共享文件夹，如图10-11所示。

图 10-11　添加共享文件夹

Step 12 在"局域网查看工具"中还可以进行文件复制操作，单击"搜索工具"栏目中下的"搜索计算机"按钮，打开"搜索计算机"窗口，在其中可看到前面添加的共

享文件夹，如图10-12所示。

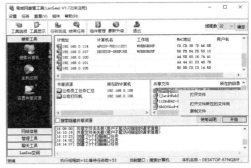

图 10-12　"搜索计算机"窗口

Step 13 在"共享文件"列表中右击需要复制的文件，在弹出的快捷菜单中选择"复制文件"选项，打开"建立新的复制任务"对话框，如图10-13所示。

图 10-13　"建立新的复制任务"对话框

Step 14 设置存储目录并勾选"立即开始"复选框后，单击"确定"按钮，开始复制选定的文件。此时单击"管理工具"栏目下的"复制文件"按钮，打开"复制文件"窗口，在其中可看到刚才复制的文件，如图10-14所示。

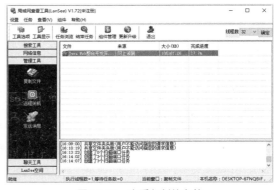

图 10-14　查看复制的文件

Step 15 在"网络信息"栏目中可以查看局域网中各个主机的网络信息。例如单击"活动端口"按钮后，在打开的"活动端口"窗口中单击"刷新"按钮，查看所有主机中正在活动的端口，如图10-15所示。

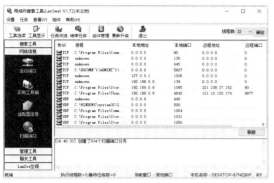

图 10-15 正在活动的端口

Step 16 如果想要查看计算机的网络适配器信息，则需单击"适配器信息"按钮，在打开的"适配器信息"窗口中可看到网络适配器的详细信息，如图10-16所示。

图 10-16 网络适配器的信息

Step 17 利用"局域网查看工具"还可以对远程主机进行远程关机和重启操作。单击"管理工具"栏目下的"远程关机"按钮，打开"远程关机"窗口，单击"导入计算机"按钮，可导入整个局域网中所有的主机，勾选主机前面的复选框后，单击"远程关机"按钮和"远程重启"按钮，可分别完成关闭和重启远程计算机的操作，如图10-17所示。

Step 18 "局域网查看工具"还可以给指定的主机发送消息。单击"管理工具"栏目下的"发送消息"按钮，打开"发送消息"窗口，单击"导入计算机"按钮，可导入整个局域网中所有的主机，如图10-18所示。

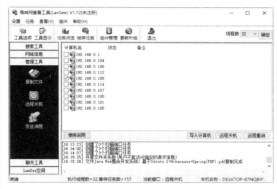

图 10-17 "远程关机"窗口

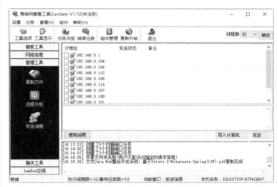

图 10-18 "发送消息"窗口

Step 19 在选择要发送消息的主机后，在"发送消息"文本区域中输入要发送的消息，然后单击"发送"按钮，可将这条消息发送给指定的用户，此时可看到该主机的"发送状态"是"正在发送"，如图10-19所示。

Step 20 选择"聊天工具"栏目，在其中可与局域网中用户进行聊天，还可以共享局域网中的文件。如果想和局域网中用户聊天，则需单击"局域网聊天"按钮，打开"局域网聊天"窗口，如图10-20所示。

Step 21 在下面的"发送信息"区域中编辑要发送的消息后，单击"发送"按钮即可将该消息发送出去。此时在"局域网聊天"

窗口中可看到发送的消息，该模式类似于QQ聊天，如图10-21所示。

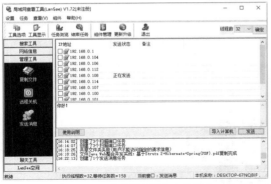

图 10-19　发送消息给指定的用户

图 10-20　"局域网聊天"窗口

图 10-21　发送消息

Step 22 单击"文件共享"按钮，打开"文件共享"窗口，在其中可进行搜索用户共享、复制文件、添加共享等操作，如图10-22所示。

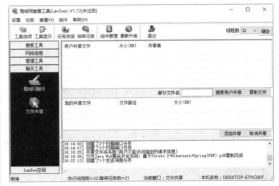

图 10-22　"文件共享"窗口

10.1.2　使用IPBook工具

IPBook（超级网络邻居）是一款小巧的搜索共享资源及FTP共享的工具，软件自解压后就能直接运行。它还有许多辅助功能，如发送短信等，并且所有功能不限于局域网，也可以在互联网使用。使用该工具的具体操作步骤如下。

Step 01 双击下载的IPBook应用程序，打开IPBook主界面，在其中可自动显示本机的IP地址和计算机名，其中192.168.0.104和192.168.0的分别是本机的IP地址与本机所处的局域网的IP范围，如图10-23所示。

图 10-23　IPBook 主界面

Step 02 在IPBook工具中可以查看本网段所有机器的计算机名与共享资源。在IPBook主界面中，单击"扫描一个网段"按钮，几秒钟之后，本机所在的局域网所有在线计算机的详细信息将显示在左侧列表框中，如图10-24所示，其中包含IP地址、计算机名、工作组、信使等信息。

图 10-24　局域网所有在线主机

Step 03 在显示出所有计算机信息后，单击"点验共享资源"按钮，可查出本网段机器的共享资源，并将搜索的结果显示在右侧的树状显示框中，在搜索之前还可以设置是否同时搜索HTTP、FTP、隐藏共享服务等，如图10-25所示。

图 10-25　共享资源信息

Step 04 在IPBook工具中还可以给目标网段发送短信，在IPBook主界面中单击"短信群发"按钮，打开"短信群发"对话框，如图10-26所示。

Step 05 在"计算机区"列表中选择某台计算机，单击Ping按钮，可在IPBook主界面看到该命令的运行结果，如图10-27所示。根据得到的信息可判断目标计算机的操作系统类型。

图 10-26　"短信群发"对话框

图 10-27　命令的运行结果

Step 06 在计算机区列表中选择某台计算机，单击Nbtstat按钮，可在IPBook主界面看到该主机的计算机名称，如图10-28所示。

图 10-28　计算机名称信息

Step 07 单击"共享"按钮，可对指定的网络段的主机进行扫描，并把扫描到的共享资源显示出来，如图10-29所示。

图 10-29　共享资源

Step 08 IPBook工具还具有将域名转换为IP地址的功能，在IPBook主界面中单击"其他工具"按钮，在弹出的菜单中选择"域名、IP地址转换"→IP->Name菜单项即可将IP地址转换为域名，如图10-30所示。

图 10-30　IP 地址转换为域名

Step 09 单击"探测端口"按钮，可探测整个局域网中各个主机的端口，同时将探测的结果显示在下面的列表中，如图10-31所示。

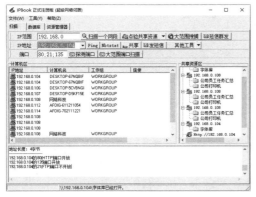

图 10-31　探测主机的端口

Step 10 单击"大范围端口扫描"按钮，打开"扫描端口"对话框，选中"IP地址起止范围"单选按钮后，将要扫描的IP地址范围设置为192.168.000.001～192.168.000.254，最后将要扫描的端口设置为80;21，如图10-32所示。

图 10-32　"扫描端口"对话框

Step 11 单击"开始"按钮，可对设定IP地址范围内的主机进行扫描，同时将扫描到的主机显示在下面的列表中，如图10-33所示。

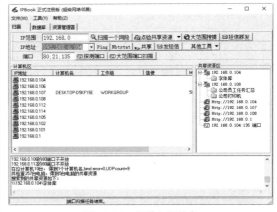

图 10-33　扫描主机信息

Step 12 在使用IPBook工具过程中，还可以对该软件的属性进行设置。在IPBook主界面中选择"工具"→"选项"菜单项，打开"设置"对话框，在"扫描设置"选项卡下可设置"Ping设置"和"解析计算机名的方式"属性，如图10-34所示。

图 10-34　"扫描设置"选项

Step 13 选择"共享设置"选项卡，在其中可设置最大扫描线程数、最大共享搜索线程数等属性，如图10-35所示。

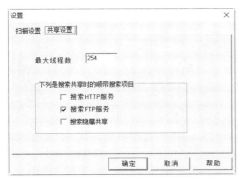

图 10-35　"共享设置"选项卡

10.2　局域网攻击工具

黑客可以利用专门的工具来攻击整个局域网，例如使局域网中两台计算机的IP地址发生冲突，从而导致其中的一台计算机无法上网。本节将介绍几款常见的局域网攻击工具的使用方法。

10.2.1　网络剪刀手Netcut

网络剪刀手Netcut是一款网管必备工具，可以切断局域网里任何主机的网络连接；利用ARP协议，也可以看到局域网内所有主机的IP地址；还可以控制本网段内任意主机对外网的访问等，具体的使用步骤如下。

Step 01 下载并安装"网络剪刀手"，然后双击其快捷图标，打开Netcut主界面，软件会自动搜索当前网段内的所有主机的IP地址、主机名以及各自对应的MAC地址，如图10-36所示。

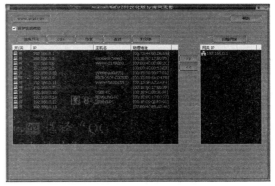

图 10-36　Netcut 主窗口

Step 02 单击"选择网卡"按钮，打开"选择网卡"对话框，在其中可以选择搜索计算机及发送数据包所使用的网卡，如图10-37所示。

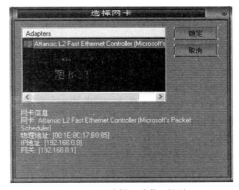

图 10-37　"选择网卡"对话框

Step 03 在扫描出的主机列表中选中IP地址为192.168.0.8的主机后，单击"切断"按钮，可看到该主机的"开/关"状态已经变为"关"，此时该主机不能访问网关也不能打开网页，如图10-38所示。

Step 04 再次选中IP地址为192.168.0.8的主机后，单击"恢复"按钮，可看到该主机的"开/关"状态又重新变为"开"，此时该主机可以访问网络，如图10-39所示。

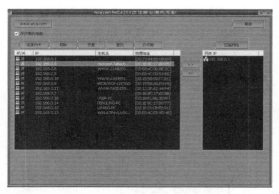

图 10-38　关闭局域网内的主机

图 10-41　查看主机信息

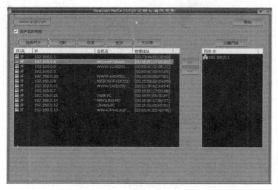

图 10-39　恢复主机状态

Step 05 如果局域网中主机过多的话，可以使用该工具提供的查找功能，快速地查看某个主机的信息。在Netcut主界面中单击"查找"按钮，打开"查找"对话框，如图10-40所示。

图 10-40　"查找"对话框

Step 06 在其中的文本框中输入要查找主机的某个信息，这里输入的是IP地址，然后单击"查找"按钮，可在Netcut主界面中快速找到IP地址为192.168.0.8的主机信息，如图10-41所示。

Step 07 在Netcut主界面中单击"打印表"按钮，打开"地址表"对话框，在其中可看到所在局域网中所有主机的MAC地址、IP地址、用户名等信息，如图10-42所示。

图 10-42　"地址表"对话框

Step 08 在Netcut主界面中选择某台主机后，单击 按钮，将该IP地址添加到"网关IP"列表中，如图10-43所示。

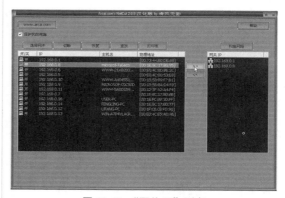

图 10-43　"网关IP"列表

10.2.2 WinArpAttacker

WinArpAttacker是一款功能强大的局域网软件,利用该工具可以实现对ARP机器列表扫描;对ARP攻击、主机状态、本地ARP表发生变化等进行检测;检测其他机器的ARP监听攻击,并自动恢复正确的ARP表等。使用WinArpAttacker工具的具体操作步骤如下。

Step 01 下载WinArpAttacker软件,双击其中的WinArpAttacker.exe程序,打开WinArpAttacker主界面,如图10-44所示。

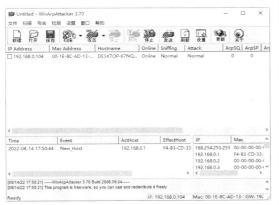

图10-44 WinArpAttacker 主界面

Step 02 选择"扫描"→"高级"菜单项,打开"扫描"对话框,从中可以看出有扫描主机、扫描网段、多网段扫描3种扫描方式,如图10-45所示。

图10-45 "扫描"对话框

Step 03 在"扫描"对话框中选中"扫描主机"单选按钮,并在后面的文本框中输入目标主机的IP地址,例如192.168.0.104,

然后单击"扫描"按钮,可获得该主机的MAC地址,如图10-46所示。

图 10-46 主机的 MAC 地址

Step 04 选中"扫描网段"单选按钮,在IP地址范围的文本框中输入扫描的IP地址范围,如图10-47所示。

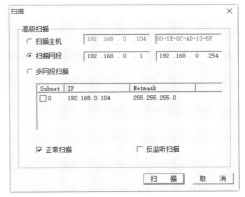

图 10-47 输入扫描 IP 地址范围

Step 05 单击"扫描"按钮,可进行扫描操作,当扫描完成时会出现一个Scaning successfully!(扫描成功)对话框,如图10-48所示。

图 10-48 信息提示框

Step 06 单击"确定"按钮,返回WinArpAttacker

主界面，在其中可看到扫描结果，如图
10-49所示。

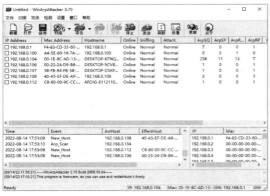

图10-49　扫描结果

Step 07 在扫描结果中勾选要攻击的目标计算机前面的复选框，然后在WinArpAttacker主界面中单击"攻击"下拉按钮，在其弹出的菜单中选择任意选项就可以对其他计算机进行攻击了，如图10-50所示。

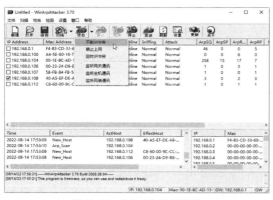

图10-50　"攻击"快捷菜单

Step 08 如果选择"不断IP冲突"选项，可使目标计算机不断弹出"IP地址与网络上其他系统有冲突"提示框，如图10-51所示。

图10-51　IP冲突信息

Step 09 如果选择"禁止上网"选项，此时在WinArpAttacker主界面可以看到该主机的"攻击"属性就变为BanGateway，如果想停止攻击，只需在WinArpAttacker主界面选

择"攻击"→"停止攻击"菜单项进行停止，否则将会一直进行，如图10-52所示。

图10-52　停止攻击

Step 10 在WinArpAttacker主界面中单击"发送"按钮，打开"手动发送ARP包"对话框，在其中设置目标硬件Mac、Arp方向、源硬件Mac、目标协议Mac、源协议Mac、目标Ip和源IP等属性后，单击"发送"按钮，可向指定的主机发送Arp数据包，如图10-53所示。

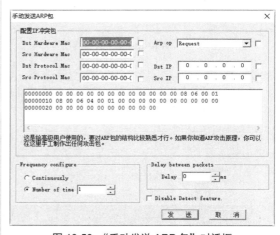

图10-53　"手动发送ARP包"对话框

Step 11 在WinArpAttacker主界面中选择"设置"菜单项，然后在弹出的菜单中选择任意一项，打开Options（选项）对话框，在其中可对各个选项卡进行设置，如图10-54所示。

图 10-54 "Options(选项)"对话框

10.2.3 网络特工

网络特工可以监视与主机相连HUB上所有机器收发的数据包；还可以监视所有局域网内的机器上网情况，以对非法用户进行管理，并使其登录指定的IP网址。

使用网络特工的具体操作步骤如下。

Step 01 下载并运行其中的"网络特工.exe"程序，打开"网络特工"主界面，如图10-55所示。

图 10-55 "网络特工"主界面

Step 02 选择"工具"→"选项"菜单项，打开"选项"对话框，在其中设置相应的属性。在其中可以设置"启动""全局热键"等属性，如图10-56所示。

图 10-56 "选项"对话框

Step 03 在"网络特工"主界面左边的列表中单击"数据监视"选项，打开"数据监视"窗口。在其中设置要监视的内容后，单击"开始监视"按钮，可进行监视，如图10-57所示。

图 10-57 "数据监视"窗口

Step 04 在"网络特工"主窗口左边的列表中右击"网络管理"选项，在弹出的快捷菜单中选择"添加新网段"选项，打开"添加新网段"对话框，如图10-58所示。

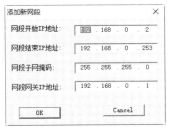

图 10-58 "添加新网段"对话框

Step 05 在设置网络的开始IP地址、结束IP地址、子网掩码、网关IP地址之后，单击

"OK"按钮，可在"网络特工"主界面左边的"网络管理"选项中看到新添加的网段，如图10-59所示。

图10-59　查看新添加的网段

Step 06 双击该网段，可在右边打开的窗口中看到刚设置网段中所有的信息，如图10-60所示。

图10-60　网段中所有的信息

Step 07 单击其中的"管理参数设置"按钮，打开"网段参数设置"对话框，在其中对各个网络参数进行设置，如图10-61所示。

图10-61　"网段参数设置"对话框

Step 08 单击"网址映射列表"按钮，打开"网址映射列表"对话框，如图10-62所示。

图10-62　"网址映射列表"对话框

Step 09 在"DNS服务器IP"文本区域中选中要解析的DNS服务器后，单击"开始解析"按钮，可对选中的DNS服务器进行解析，待解析完毕后，可看到该域名对应的主机地址等属性，如图10-63所示。

图10-63　解析DNS服务器

Step 10 在"网络特工"主界面左边的列表中单击"互联星空"选项，打开"互联情况"窗口，在其中可进行端口和DHCP服务扫描操作，如图10-64所示。

图10-64　"互联情况"窗口

Step 11 在右边的列表中选择"端口扫描"选项后，单击"开始"按钮，打开"端口扫描参数设置"对话框，如图10-65所示。

图 10-65　"端口扫描参数设置"对话框

Step 12 在设置起始IP和结束IP之后，单击"常用端口"按钮，可将常用的端口显示在"端口列表"文本区域内，如图10-66所示。

图 10-66　端口列表信息

Step 13 单击OK按钮，进行扫描端口操作，在扫描的同时，将扫描结果显示在下面的"日志"列表中，在其中可看到各个主机开启的端口，如图10-67所示。

图 10-67　查看主机开启的端口

Step 14 在"互联星空"窗口右边的列表中选择"DHCP服务扫描"选项后，单击"开始"按钮，可进行DHCP服务扫描操作，如图10-68所示。

图 10-68　扫描 DHCP 服务

10.3　局域网安全辅助软件

面对黑客针对局域网的种种攻击，局域网管理者可以使用局域网安全辅助工具来对整个局域网进行管理。本节将介绍几款最为经典的局域网辅助软件，以帮助大家维护局域网，从而保护局域网的安全。

10.3.1　长角牛网络监控机

长角牛网络监控机（网络执法官）只需在一台机器上运行，可穿透防火墙，实时监控、记录整个局域网用户上线情况，可限制各用户上线时所用的IP、时段，并可将非法用户踢下局域网。本软件适用范围为局域网内部，不能对网关或路由器外的机器进行监视或管理，适合局域网管理员使用。

1. 查看主机信息

利用该工具可以查看局域网中各个主机的信息，例如用户属性、在线纪录、记录查询等，具体的操作步骤如下。

Step 01 在下载并安装"长角牛网络监控机"软件之后，选择"开始"→"所有应用"→

Netrobocop菜单项，打开"设置监控范围"
对话框，如图10-69所示。

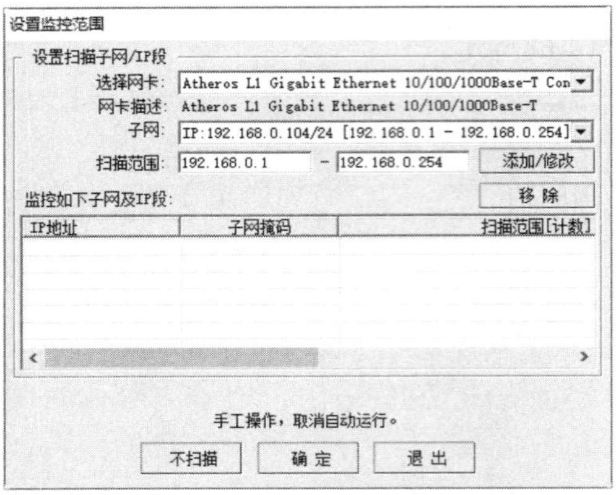

图 10-71　查看扫描信息

图 10-69　"设置监控范围"对话框

Step 02 在设置完网卡、子网、扫描范围等属
性之后，单击"添加/修改"按钮，可将设
置的扫描范围添加到"监控如下子网及IP
段"列表中，如图10-70所示。

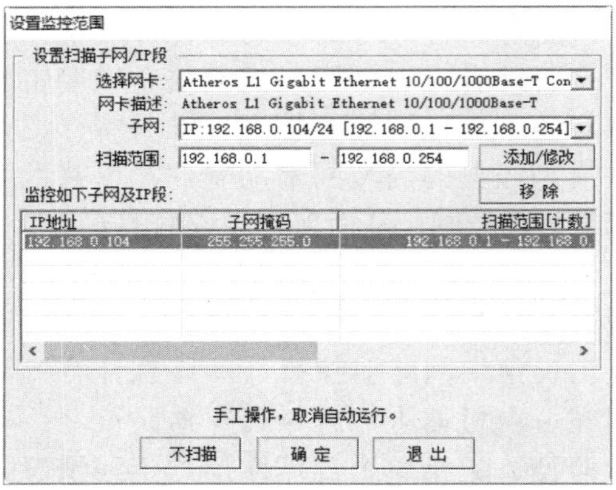

图 10-72　"用户属性"对话框

图 10-70　添加监控范围

Step 03 选中刚添加的IP段后，单击"确定"
按钮，打开"长角牛网络监控机"主界
面，在其中可看到设置IP地址段内的主机的
各种信息，例如网卡权限及地址、IP地址、
上线时间等，如图10-71所示。

Step 04 在"长角牛网络监控机"窗口的计
算机列表中双击需要查看的对象，可打开
"用户属性"对话框，如图10-72所示。

Step 05 单击"历史记录"按钮，可打开"在
线记录"对话框，在其中查看该计算机上
线情况，如图10-73所示。

图 10-73　查看扫描信息

Step 06 单击"导出"按钮，可将该计算机
的上线记录保存为文本文件，如图10-74
所示。

图 10-74　"用户属性"对话框

Step 07 在"长角牛网络监控机"窗口中单击"记录查询"按钮，可打开"记录查询"窗口，如图10-75所示。

图 10-75　"记录查询"窗口

Step 08 在"用户"下拉列表中选择要查询用户对应的网卡地址，在"在线时间"文本框中设置该用户的在线时间，然后单击"查找"按钮，可找到该主机在指定时间的记录，如图10-76所示。

图 10-76　显示指定时间的记录

Step 09 在"长角牛网络监控机"窗口中单击"本机状态"按钮，可打开"本机状态信息"窗口。在其中可看到本机计算机的网卡参数、IP收发、TCP收发、UDP收发等信息，如图10-77所示。

Step 10 在"长角牛网络监控机"窗口中单击"服务检测"按钮，可打开"服务检测"窗口，在其中可进行添加、修改、删除服

务器等操作，如图10-78所示。

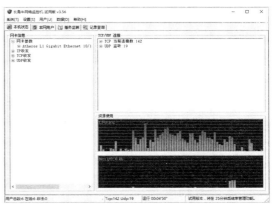

图 10-77　"本机状态信息"窗口

图 10-78　"服务检测"窗口

2. 设置局域网

除收集局域网内各个计算机的信息之外，"长角牛网络监控机"还可以对局域网中的各个计算机进行网络管理，可以在局域网内的任一台计算机上安装该软件，来实现对整个局域网内计算机的管理，具体的操作步骤如下。

Step 01 在"长角牛网络监控机"主界面中选择"设置"→"关键主机组"菜单项，打开"关键主机组设置"对话框，在"选择关键主机组"下拉框中选择相应的主机组，并在"组名称"文本框中输入相应的名称之后，再在"组内IP"列表框中输入相应的IP组。最后单击"全部保存"按钮，

完成关键主机组的设置操作，如图10-79所示。

图 10-79 "关键主机组设置"对话框

Step 02 选择"设置"→"默认权限"菜单项，打开"用户权限设置"对话框，选中"受限用户，若违反以下权限将被管理"单选按钮之后，设置"启用IP限制""启用时间限制"和"启用组/主机/用户名限制"等选项。这样当目标计算机与局域网连接时，"长角牛网络监控机"将按照设定的选项对该计算机进行管理，如图10-80所示。

图 10-80 "用户权限设置"对话框

Step 03 选择"设置"→"IP保护"菜单项，打开"IP保护"对话框。在其中设置要保护的IP段后，单击"添加"按钮，可将该IP段添加到"已受保护的IP段"列表中，如图10-81所示。

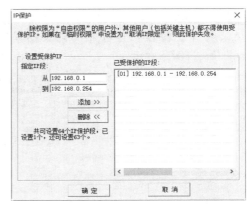

图 10-81 "IP 保护"对话框

Step 04 选择"设置"→"敏感主机"菜单项，打开"设置敏感主机"对话框，在"敏感主机MAC"文本框中输入目标主机的MAC地址后单击 >> 按钮，可将该主机设置为敏感主机，如图10-82所示。

图 10-82 "设置敏感主机"对话框

Step 05 选择"设置"→"远程控制"菜单项，打开"远程控制"对话框，在其中勾选"接受远程命令"复选框，并输入目标主机的IP地址和口令后，可对该主机进行远程控制，如图10-83所示。

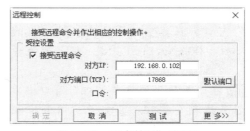

图 10-83 "远程控制"对话框

Step 06 选择"设置"→"主机保护"菜单项，打开"主机保护"对话框，在勾选"启用主机保护"复选框后，输入要保护主机的IP地址和网卡地址之后，单击"加入"按钮，可将该主机添加到"受保护主机"列表中，如图10-84所示。

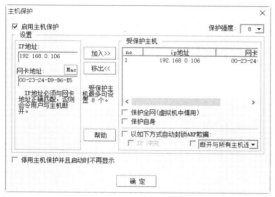

图 10-84　"主机保护"对话框

Step 07 选择"用户"→"添加用户"菜单项，打开New user（新用户）对话框，在MAC文本框中输入新用户的MAC地址后，单击"保存"按钮即可实现添加新用户操作，如图10-85所示。

图 10-85　New user 对话框

Step 08 选择"用户"→"远程添加"菜单项，打开"远程获取用户"对话框，在其中输入远程计算机的IP地址、数据库名称、登录名称以及口令之后，单击"连接数据库"按钮，可从该远程主机中读取用户，如图10-86所示。

Step 09 如果禁止局域网内某一台计算机的网络访问权限，则可在"长角牛网络监控机"窗口内右击该计算机，在弹出的快捷菜单中选择"锁定/解锁"选项，打开"锁定/解锁"对话框，如图10-87所示。

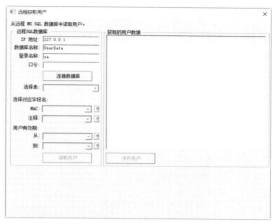

图 10-86　"远程获取用户"对话框

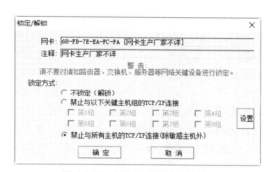

图 10-87　"锁定 / 解锁"对话框

Step 10 在其中选择目标计算机与其他计算机（或关键主机组）的连接方式之后，单击"确定"按钮，可禁止该计算机访问相应的连接，如图10-88所示。

图 10-88　"远程获取用户"对话框

Step 11 在"长角牛网络监控机"窗口内右击某台计算机，在弹出的快捷菜单中选择

"手工管理"选项，打开"手工管理"对话框，在其中可手动设置对该计算机的管理方式，如图10-89所示。

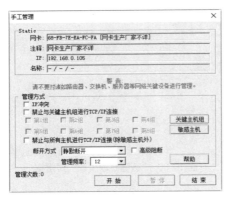

图10-89 "手工管理"对话框

Step 12 在"长角牛网络监控机"中还可以给指定的主机发送消息。在"长角牛网络监控机"窗口内右击某台计算机，在弹出的快捷菜单中选择"发送消息"选项，打开Send message（发送消息）对话框，在其中输入要发送的消息后，单击"发送"按钮，可给该主机发送指定的消息，如图10-90所示。

图10-90 Send message 对话框

10.3.2 大势至局域网安全卫士

大势至局域网安全卫士是一款专业的局域网安全防护系统，能够有效地防止外来计算机接入公司局域网、隔离局域网计算机，并且还有禁止电脑修改IP和MAC地址、检测局域网混杂模式网卡、防御局域

网ARP攻击等功能。

使用大势至局域网安全卫士防护系统安全的操作步骤如下。

Step 01 下载并安装大势至局域网安全卫士，打开"大势至局域网安全卫士"工作界面，如图10-91所示。

图10-91 "大势至局域网安全卫士"工作界面

Step 02 单击"开始监控"按钮，开始监控当前局域网中的计算机信息，对于局域网外的计算机将显示在"黑名单"窗格中，如图10-92所示。

图10-92 局域网中的计算机信息

Step 03 如果确定某台计算机是局域网内的，则可以在"黑名单"窗格中选中该计算机

信息，然后单击"移至白名单"按钮，将其移动到"白名单"窗格中，如图10-93所示。

图 10-93　"白名单"窗格

Step 04 单击"自动隔离局域网无线路由器"右侧的"检测"按钮，可以检测当前局域网中存在的无线路由器设备信息，并在"网络安全事件"窗格中显示检测结果，如图10-94所示。

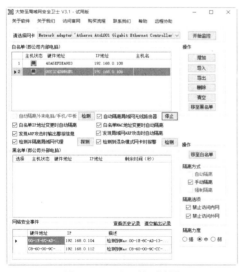

图 10-94　显示检测结果

Step 05 单击"查看历史记录"按钮，打开"IPMAC-记事本"窗口，在其中查看检测结果，如图10-95所示。

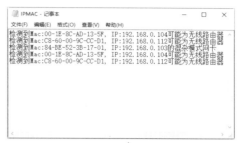

图 10-95　"IPMAC- 记事本"窗口

10.4　实战演练

10.4.1　实战1：一招解决弹窗广告

在浏览网页时，除了遭遇病毒攻击、网速过慢等问题外，还时常遭受铺天盖地的广告攻击，利用浏览器自带工具可以屏蔽广告，具体的操作步骤如下。

Step 01 打开"Internet选项"对话框，在"安全"选项卡中单击"自定义级别"按钮，如图10-96所示。

图 10-96　"安全"选项卡

Step 02 打开"安全设置"对话框，在"设置"列表框中将"活动脚本"设为"禁用"。单击"确定"按钮，可屏蔽一般的弹出窗口，如图10-97所示。

图 10-97 "安全设置"对话框

💡提示：还可以在"Internet 选项"对话框中选择"隐私"选项卡，勾选"启用弹出窗口阻止程序"复选框，如图10-98所示。单击"设置"按钮，打开"弹出窗口阻止程序设置"对话框，将组织级别设置为"高"。最后单击"确定"按钮，可屏蔽的弹窗广告，如图10-99所示。

图 10-98 "隐私"选项卡

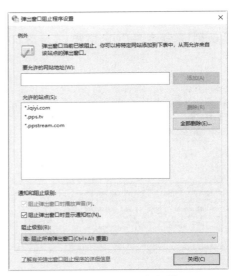

图 10-99 设置组织级别

10.4.2 实战2：删除上网缓存文件

用户可以通过"Internet选项"对话框来删除平时上网的缓存文件，具体的操作步骤如下。

Step 01 右击"⊞"按钮，在弹出的快捷菜单中选择"控制面板"选项，打开"控制面板"窗口，单击"查看方式"右侧的下拉按钮，在弹出的下拉列表中选择"大图标"选项，打开"所有控制面板项"窗口，单击"Internet选项"图标，如图10-100所示。

图 10-100 "所有控制面板项"窗口

Step 02 打开"Internet属性"对话框，单击"浏览历史记录"下的"删除"按钮，如

图10-101所示。

图 10-101 "Internet 属性"对话框

Step 03 打开"删除浏览历史记录"对话框，选择需要删除的缓存文件类型，单击"删除"按钮，如图10-102所示。

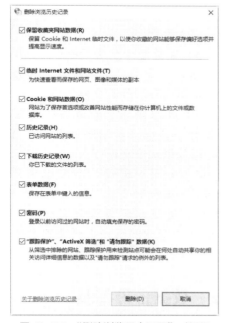

图 10-102 "删除浏览历史记录"对话框

Step 04 打开"删除浏览历史记录"窗口，系统开始自动删除上网的缓存文件，如图10-103所示。

图 10-103 "删除浏览历史记录"窗口

Step 05 删除完成后，返回"Internet选项"对话框，单击"浏览历史记录"下的"设置"按钮。打开"网站数据设置"对话框，设置缓存的大小等，单击"移动文件夹"按钮，可以转移缓存文件的位置，单击"确定"按钮，完成设置，如图10-104所示。

图 10-104 "网站数据设置"对话框

第11章 数据备份与恢复工具

计算机系统中的大部分数据都存储在磁盘中，而磁盘又是一个极易出现问题的部件。为了能够有效地保护计算机的系统数据，最有效的方法就是将系统数据进行备份。这样，一旦磁盘出现故障，就能把损失降到最低，本章就来介绍数据备份与恢复工具的使用。

11.1 数据丢失的原因

硬件故障、软件破坏、病毒的入侵、用户自身的错误操作等，都有可能导致数据丢失。但大多数情况下，这些找不到的数据并没有真正丢失，但需要根据数据丢失的具体原因而定。

11.1.1 解决数据丢失问题

造成数据丢失的主要原因有如下几个。

（1）用户的误操作。由于用户错误操作而导致数据丢失的情况，在数据丢失的原因中所占比例很大。用户极小的疏忽都可能造成数据丢失，例如用户的错误删除或不小心切断电源等。

（2）黑客入侵与病毒感染。黑客入侵和病毒感染已越来越受关注，由此造成的数据破坏更不可忽视。有些恶意程序甚至具有格式硬盘的功能，会对硬盘数据造成毁灭性的损害。

（3）软件系统运行错误。由于软件不断更新，各种程序和运行错误也就随之增加，如程序被迫意外中止或突然死机，都会使用户当前所运行的数据因不能及时保存而丢失。如在运行Microsoft Office Word编辑文档时，常常会发生应用程序出现错误而不得不中止的情况，就会导致当前文档中的内容不能完整保存甚至全部丢失。

（4）硬盘损坏。硬件损坏主要表现为磁盘划伤、磁组损坏、芯片及其他元器件烧坏、突然断电等。这些损坏造成的数据丢失都是物理性质，一般通过Windows自身无法恢复数据。

（5）自然损坏。风、雷电、洪水及意外事故（如电磁干扰、地板振动等）也有可能导致数据丢失，但这一类情况出现的可能性比上述几种原因要低很多。

11.1.2 发现数据丢失后的操作

当发现计算机中的硬盘丢失数据后，应当注意以下事项。

（1）应立刻停止一些不必要的操作，如误删除、误格式化之后，最好不要再往磁盘中写入数据。

（2）如果发现丢失的是C盘数据，应立即关机，以避免数据被操作系统运行时产生的虚拟内存和临时文件破坏。

（3）如果是服务器硬盘阵列出现故障，最好不要进行初始化和重建磁盘阵列操作，以免增加恢复难度。

（4）如果是磁盘出现坏道读不出来时，最好不要反复读盘。

（5）如果是磁盘阵列等硬件出现故障，最好请专业的维修人员来对数据进行恢复。

11.2 数据备份工具

磁盘当中存放的数据有很多种，有分区表、引导区、驱动程序等系统数据，还有电子邮件、系统桌面数据、磁盘文件等本地数据，对这些数据进行备份可以在一定程度上保护数据的安全。

11.2.1 使用DiskGenius备份分区表

分区表损坏会造成系统启动失败、数据丢失等严重后果。这里以使用DiskGenius软件为例，来介绍如何备份分区表，具体的操作步骤如下。

Step 01 打开软件DiskGenius，选择需要保存备份分区表的分区，如图11-1所示。

图 11-1 DiskGenius 工作界面

Step 02 选择"磁盘"→"备份分区表"菜单项，用户也可以按F2键备份分区表，如图11-2所示。

图 11-2 "备份分区表"菜单项

Step 03 打开"设置分区表备份文件名及路径"对话框，在"文件名"文本框中输入备份分区表的名称，如图11-3所示。

图 11-3 输入备份分区表的名称

Step 04 单击"保存"按钮，开始备份分区表。当备份完成后，打开DiskGenius提示框，提示用户当前硬盘的分区表已经备份到指定的文件中，如图11-4所示。

图 11-4 信息提示框

💡**提示：** 为了分区表备份文件的安全，建议将其保存到当前硬盘以外的硬盘或其他存储介质中，如优盘、移动硬盘、光盘等。

11.2.2 使用驱动精灵备份驱动程序

在Windows 10操作系统中，用户可以对指定驱动程序进行备份。一般情况下，用户备份驱动程序常常借助于第三方软件，比如常用的驱动精灵。

1.使用驱动精灵修复有异常的驱动

驱动精灵是由驱动之家研发的一款集驱动自动升级、驱动备份、驱动还原、驱动卸载、硬件检测等功能于一身的专业驱动软件。利用驱动精灵可以在没有驱动光盘的情况下为设备下载、安装、升级、备份驱动程序。

利用驱动精灵修复异常驱动的具体操作步骤如下。

Step 01 下载并安装好驱动精灵后，直接双击计算机桌面上的驱动精灵图标，打开该程序，如图11-5所示。

图 11-5　驱动精灵主界面

Step 02 在"驱动精灵"主界面单击"立即检测"按钮，开始对计算机进行全面检测，如图11-6所示。

图 11-6　检测驱动信息

Step 03 检测完成后，会在"驱动管理"界面给出检测结果，如图11-7所示。

图 11-7　驱动检测结果

Step 04 单击"一键安装"按钮，开始下载并安装有异常的驱动程序，如图11-8所示。

图 11-8　下载并安装驱动程序

2. 使用驱动精灵备份单个驱动

Step 01 在"驱动精灵"主界面选择"百宝箱"选项卡，进入百宝箱界面，如图11-9所示。

图 11-9　百宝箱界面

Step 02 在单击"驱动备份"图标，打开"驱动备份还原"工作界面，在其中会显示可以备份的驱动程序，如图11-10所示。

图 11-10　"驱动备份还原"工作界面

Step 03 单击"修改文件路径"链接，打开"设置"对话框，在其中可以设置驱动备份文件的保存位置和备份设置类型，如将驱动备份的类型设置为ZIP压缩文件或备份驱动到文件夹2种类型，如图11-11所示。

图11-11　"设置"对话框

Step 04 设置完毕后，单击"确定"按钮，返回"驱动备份还原"工作界面，在其中单击某个驱动程序右侧的"备份"按钮，开始备份单个硬件的驱动程序，并显示备份的进度，如图11-12所示。

图11-12　备份驱动程序

Step 05 备份完毕后，会在硬件驱动程序的后侧显示"备份完成"的信息提示，如图11-13所示。

图11-13　备份完成

3. 使用驱动精灵一键备份所有驱动

一台完整的计算机包括主板、显卡、网卡、声卡等硬件设备，要想这些设备能够正常工作，就必须在安装好操作系统后，安装相应的驱动程序。因此，在备份驱动程序时，最好将所有的驱动程序都进行备份，具体的操作步骤如下。

Step 01 在"驱动备份还原"工作界面中单击"一键备份"按钮，如图11-14所示。

图11-14　"一键备份"按钮

Step 02 开始备份所有硬件的驱动程序，并在后面显示备份的进度，如图11-15所示。

图11-15　备份驱动程序

Step 03 备份完成后，会在硬件驱动程序的右侧显示"备份完成"的信息提示，如图11-16所示。

图 11-16　备份完成

图 11-18　选择"小图标"选项

11.2.3　使用系统自带备份功能

Windows 10操作系统为用户提供了备份文件的功能，只需通过简单的设置，就可以确保文件不会丢失。备份文件的具体操作步骤如下。

Step 01 右击"⊞"按钮，在弹出的快捷菜单中选择"控制面板"选项，打开"控制面板"窗口，如图11-17所示。

图 11-17　"控制面板"窗口

Step 02 在"控制面板"窗口中单击"查看方式"右侧的下拉按钮，在打开的下拉列表中选择"小图标"选项，单击"备份和还原"链接，如图11-18所示。

Step 03 打开"备份和还原"窗口，在"备份"下面显示"尚未设置Windows备份"信息，表示还没有创建备份，如图11-19所示。

Step 04 单击"设置备份"按钮，打开"设置备份"对话框，系统开始启动Windows备份，并显示启动的进度，如图11-20所示。

图 11-19　"备份和还原"窗口

图 11-20　"设置备份"对话框

Step 05 启动完毕后，将打开"选择要保存备份的位置"对话框，在"保存备份的位置"列表框中选择要保存备份的位置。如果想保存在网络上的位置，可以选择"保存在网络上"按钮。这里将保存备份的位置设置为本地磁盘（G），选择"本地磁盘（G）"选项，单击"下一步"按钮，如图11-21所示。

Step 06 打开"你希望备份哪些内容？"对话框，选中"让我选择"单选按钮，单击"下一步"按钮，如图11-22所示。

图 11-21 选择需要备份的磁盘

图 11-22 选中"让我选择"单选按钮

Step 07 在打开的对话框中选择需要备份的文件，如勾选Excel办公文件夹左侧的复选框，单击"下一步"按钮，如图11-23所示。

图 11-23 选择需要备份的文件

Step 08 打开"查看备份设置"对话框，在"计划"右侧会显示自动备份的时间，单击"更改计划"按钮，如图11-24所示。

图 11-24 "查看备份设置"对话框

Step 09 打开"你希望多久备份一次？"对话框，单击"哪一天"右侧的下拉按钮，在弹出的下拉菜单中选择"星期二"选项，如图11-25所示。

图 11-25 选择"星期二"选项

Step 10 单击"确定"按钮，返回"查看备份设置"对话框，如图11-26所示。

Step 11 单击"保存设置并运行备份"按钮，打开"备份和还原"窗口，系统开始自动备份文件并显示备份的进度，如图11-27所示。

图 11-26 添加备份文件

图 11-27 开始备份文件

Step 12 备份完成后，将打开"Windows备份已成功完成"对话框。单击"关闭"按钮即可完成备份操作，如图11-28所示。

图 11-28 完成文件备份

11.3 数据还原工具

在上一节介绍了各类数据的备份，这样一旦发现磁盘数据丢失，就可以进行恢

复操作了。

11.3.1 使用DiskGenius还原分区表

当计算机遭到病毒破坏、加密引导区或误分区等操作导致硬盘分区丢失时，就需要还原分区表。这里以使用DiskGenius软件为例，来介绍如何还原分区表，具体的操作步骤如下。

Step 01 打开软件DiskGenius，在其主界面中选择"磁盘"→"还原分区表"菜单项或按F3键，如图11-29所示。

图 11-29 "还原分区表"菜单项

Step 02 打开"选择分区表备份文件"对话框，在其中选择硬盘分区表的备份文件，如图11-30所示。

图 11-30 选择备份文件

Step 03 单击"打开"按钮，打开DiskGenius信息提示框，提示用户是否从这个分区表

备份文件还原分区表，如图11-31所示。

图 11-31　DiskGenius 信息提示框

Step 04 单击"是"按钮，还原分区表，且还原后将立即保存到磁盘并生效。

11.3.2　使用驱动精灵还原驱动程序

前面介绍了使用驱动精灵备份驱动程序的方法，下面介绍使用驱动精灵驱动程序的方法，具体的操作步骤如下。

Step 01 在驱动精灵的主界面中单击"百宝箱"按钮，如图11-32所示。

图 11-32　驱动精灵的主界面

Step 02 进入百宝箱操作界面，在其中单击"驱动还原"图标，如图11-33所示。

图 11-33　百宝箱操作界面

Step 03 进入"驱动备份还原"选项卡，打开驱动还原操作界面，如图11-34所示。

图 11-34　"驱动备份还原"选项卡

Step 04 在"驱动备份"列表中选择需要还原的驱动程序，如图11-35所示。

图 11-35　选择需要还原的驱动程序

Step 05 单击"一键还原"按钮，驱动程序开始还原，这个过程相当于安装驱动程序的过程，如图11-36所示。

图 11-36　还原驱动程序

Step 06 还原完成以后，会在驱动列表的右侧显示还原完成的信息提示，如图11-37所示。

图 11-37　驱动程序还原完成

Step 07 还原完成以后，会在"驱动备份还原"工作界面显示"还原完成，重启后生效"的信息提示，这时可以单击"立即重启"按钮，重新启动计算机，使还原的驱动程序生效，如图11-38所示。

图 11-38　还原完成重启生效

11.3.3　使用系统自带还原功能

当对磁盘文件数据进行了备份，就可以通过"备份和还原"对数据进行恢复，具体的操作步骤如下。

Step 01 打开"备份和还原"对话框，在"备份"类别中可以看到备份文件详细信息，如图11-39所示。

Step 02 单击"还原我的文件"按钮，打开"浏览或搜索要还原的文件和文件夹的备份"对话框，如图11-40所示。

图 11-39　"备份和还原"对话框

图 11-40　还原文件

Step 03 单击"选择其他日期"链接，打开"还原文件"对话框，在"显示如下来源的备份"下拉列表中选择"上周"选项，然后选择"日期和时间"组合框中的2022/1/29 12.54.49选项，可将所有的文件都还原到选中日期和时间的版本，单击"确定"按钮，如图11-41所示。

图 11-41　"还原文件"对话框

Step 04 返回"浏览或搜索要还原的文件和文件夹的备份"对话框，如图11-42所示。

图 11-42　还原文件

Step 05 如果用户想要查看备份的内容，可以单击"浏览文件"或"浏览文件夹"按钮，在打开的对话框中查看备份的内容。这里单击"浏览文件"按钮，打开"浏览文件的备份"对话框，在其中选择备份文件，如图11-43所示。

图 11-43　"浏览文件的备份"对话框

Step 06 单击"添加文件"按钮，返回"浏览或搜索要还原的文件和文件夹的备份"对话框，可以看到选择的备份文件已经添加到对话框中的列表框中，如图11-44所示。

Step 07 单击"下一步"按钮，打开"你想在何处还原文件？"对话框，在其中选择"在以下位置"单选按钮，如图11-45所示。

图 11-44　还原文件

图 11-45　"你想在何处还原文件？"对话框

Step 08 单击"浏览"按钮，打开"浏览文件夹"对话框，选择文件还原的位置，如图11-46所示。

图 11-46　"浏览文件夹"对话框

181

Step 09 单击"确定"按钮，返回"还原文件"对话框，如图11-47所示。单击"还原"按钮，打开"正在还原文件…"对话框，系统开始自动还原备份的文件。

图 11-47 "还原文件"对话框

Step 10 当出现"已还原文件"对话框时，单击"完成"按钮，完成还原操作，如图11-48所示。

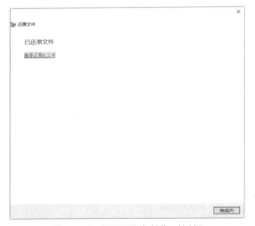

图 11-48 "已还原文件"对话框

11.4 恢复丢失的磁盘数据

当磁盘数据没有进行备份操作，而且又发现磁盘数据丢失了，这时就需要借助其他方法或使用数据恢复软件进行丢失数据的恢复。

11.4.1 从回收站中还原

当用户不小心将某一文件删除，很有可能只是将其删除到回收站之中，如果还没有来得及清除回收站中的文件，则可以将其从回收站中还原出来。这里以删除本地磁盘F中的图片文件夹为例，来具体介绍如何从回收站中还原删除的文件。

具体的操作步骤如下。

Step 01 双击桌面上的"回收站"图标，打开"回收站"窗口，在其中可以看到误删除的"美图"文件夹，如图11-49所示。

图 11-49 "回收站"窗口

Step 02 右击该文件夹，在弹出的快捷菜单中选择"还原"选项，如图11-50所示。

图 11-50 "还原"选项

Step 03 将回收站之中的"图片"文件夹还原到其原来的位置，如图11-51所示。

图 11-51　还原"图片"文件夹

Step 04 打开本地磁盘F，在"本地磁盘F"窗口中可看到还原的美图文件夹，如图11-52所示。

图 11-52　"本地磁盘 F"窗口

Step 05 双击美图文件夹，在打开的"美图"窗口中会显示出图片的缩略图，如图11-53所示。

图 11-53　"美图"窗口

11.4.2　清空回收站后的恢复

当把回收站中的文件清除后，用户可以使用注册表来恢复清空回收站之后的文件，具体的操作步骤如下。

Step 01 右击"▦"按钮，在弹出的快捷菜单中选择"运行"选项，如图11-54所示。

图 11-54　"运行"选项

Step 02 打开"运行"对话框，在"打开"文本框中输入注册表命令regedit，如图11-55所示。

图 11-55　"运行"对话框

Step 03 单击"确定"按钮，打开"注册表"窗口，如图11-56所示。

图 11-56　"注册表"窗口

Step 04 在窗口的左侧展开"HKEY_LOCAL MACHINE\SOFTWARE\Microsoft\Windows\CurrentVersion\Explorer\Desktop\NameSpace 树形结构，如图11-57所示。

图 11-57　展开注册表分支结构

Step 05 在窗口的左侧空白处右击，在弹出的快捷菜单中选择"新建"→"项"选项，如图11-58所示。

图 11-58　"项"选项

Step 06 新建一个项，并将其命名为645FFO40-5081-101B-9F0B-00AA002F954E，如图11-59所示。

图 11-59　重命名新建项

Step 07 在窗口的右侧选中系统默认项并右击，在弹出的快捷菜单中选择"修改"选项，打开"编辑字符串"对话框，将数值数据设置为"回收站"，如图11-60所示。

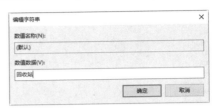

图 11-60　"编辑字符串"对话框

Step 08 单击"确定"按钮，退出注册表，重新启动计算机，可将清空的文件恢复出来，如图11-61所示。

图 11-61　恢复清空的文件

Step 09 右击该文件夹，在弹出的快捷菜单中选择"还原"选项，如图11-62所示。

图 11-62　"还原"选项

Step 10 将回收站之中的"美图"文件夹还原到其原来的位置，如图11-63所示。

图 11-63　还原"美图"文件夹

11.4.3　使用EasyRecovery恢复数据

EasyRecovery是世界著名数据恢复公司Ontrack的技术杰作。利用EasyRecovery进行数据恢复，就是通过将分布在硬盘上的不同位置的文件碎块找回来，并根据统计信息将这些文件碎块进行重整，然后在内存中建立一个虚拟的文件夹系统，并列出所有的目录和文件。

使用EasyRecovery恢复数据的具体操作步骤如下。

Step 01 双击桌面上的EasyRecovery图标，进入EasyRecovery主界面，如图11-64所示。

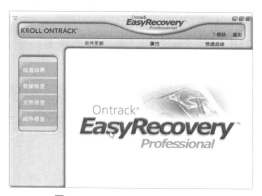

图 11-64　EasyRecovery 主界面

Step 02 单击EasyRecovery主界面上的"数据恢复"功能项，进入软件的数据恢复子系统窗口，在其中显示了高级恢复、删除恢复、格式化恢复、原始恢复等项目，如图11-65所示。

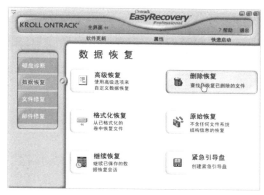

图 11-65　数据恢复子系统窗口

Step 03 选择F盘上的"图片.rar"文件将其进行彻底删除，单击"数据恢复"功能项中的"删除恢复"按钮，可开始扫描系统，如图11-66所示。

图 11-66　开始扫描系统

Step 04 在扫描结束后，将会打开"目的地警告"提示，建议用户将文件复制到与恢复来源不同的一个安全位置，如图11-67所示。

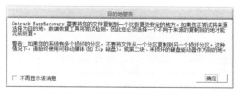

图 11-67　"目的地警告"提示

Step 05 单击"确定"按钮，将会自动打开如图11-68所示的对话框，提示用户选择一个要恢复删除文件的分区，这里选择F盘。在"文件过滤器"中进行相应的选择，如果误删除的是图片，则在文件过滤器中选择"图像文档"选项。但若用户要恢复的文件是不同类型的，可直接选择"所有文件"，再勾选"完整扫描"选项。

Step 06 单击"下一步"按钮，软件开始扫描选定的磁盘，并显示扫描进度，如已用时间、剩余时间、找到目录、找到文件等，如图11-69所示。

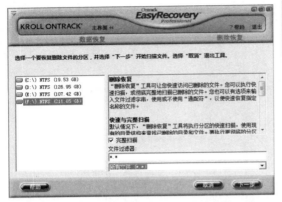

图 11-68　选择要恢复删除文件的分区

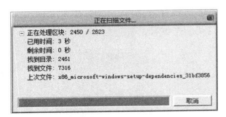

图 11-69　扫描选定的磁盘

Step 07 在扫描完毕之后，会将扫描到的相关文件及资料在对话框左侧以树状目录列出来，右侧则显示具体删除的文件信息。在其中选择要恢复的文档或文件夹，这里选择"图片.rar"文件，如图11-70所示。

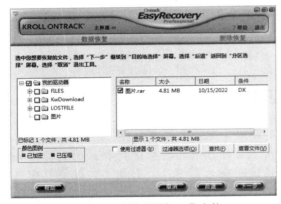

图 11-70　选择"图片 .rar"文件

Step 08 单击"下一步"按钮，可在打开的对话框中设置恢复数据的保存路径，如图11-71所示。

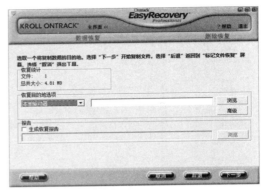

图 11-71　选择恢复目的地

Step 09 单击"浏览"按钮，打开"浏览文件夹"对话框，在其中选择恢复数据保存的位置，如图11-72所示。

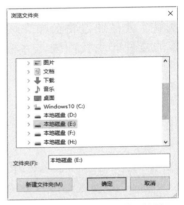

图 11-72　"浏览文件夹"对话框

Step 10 单击"确定"按钮，返回设置恢复数据保存的路径，如图11-73所示。

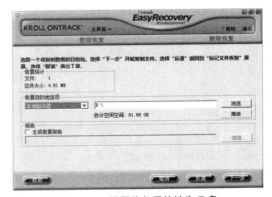

图 11-73　设置恢复目的地为 E 盘

Step 11 单击"下一步"按钮，软件自动将文件恢复到指定的位置，如图11-74所示。

图 11-74　恢复数据

Step 12 在完成文件恢复操作之后，将会打开一个恢复完成的提示信息窗口，在其中显示了数据恢复的详细内容，包括源分区、文件大小、已存储数据的位置等内容，如图11-75所示。

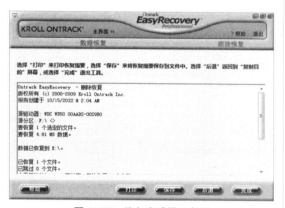

图 11-75　恢复完成提示窗口

Step 13 单击"完成"按钮，打开"保存恢复"对话框。单击"否"按钮完成恢复，如果还有其他的文件要恢复，则可以选择"是"按钮，如图11-76所示。

图 11-76　信息提示框

11.5　实战演练

11.5.1　实战1：恢复丢失的磁盘簇

磁盘空间丢失的原因有多种，如误操作、程序非正常退出、非正常关机、病毒的感染、程序运行中的错误或者是对硬盘分区不当等情况都有可能使磁盘空间丢失。磁盘空间丢失的根本原因是存储文件的簇丢失了。如何才能恢复丢失的磁盘簇呢？在命令提示符窗口中用户可以使用CHKDSK/F命令找回丢失的簇。

具体的操作步骤如下。

Step 01 单击"■"按钮，在弹出的"开始"面板中选择"所有程序"→"附件"→"运行"菜单项，打开"运行"对话框，在"打开"文本框中输入注册表命令cmd，如图11-77所示。

图 11-77　"运行"对话框

Step 02 单击"确定"按钮，打开cmd.exe运行窗口，在其中输入chkdsk d:/f，如图11-78所示。

图 11-78　"cmd.exe"运行窗口

Step 03 按下Enter键，此时会显示输入的D盘文件系统类型，并在窗口中显示chkdsk状态报告，同时列出符合不同条件的文件，如图11-79所示。

图 11-79　显示 chkdsk 状态报告

11.5.2　实战2：使用BitLocker加密磁盘

对磁盘加密主要是使用Windows 10操作系统中的BitLocker功能，其主要用于解决用户数据的失窃、泄漏等安全性问题，具体的操作步骤如下。

Step 01 右击"▥"按钮，在弹出的快捷菜单中选择"控制面板"选项，打开"控制面板"窗口，如图11-80所示。

图 11-80　"控制面板"窗口

Step 02 在控制面板窗口中单击"系统和安全"连接，打开"系统和安全"窗口，如图11-81所示。

图 11-81　"系统和安全"窗口

Step 03 在该窗口中单击"BitLocker驱动器加密"链接，打开其操作窗口，在窗口中显示了可以加密的驱动器盘符和加密状态，展开各个盘符后，单击盘符后面的"启用BitLocker"链接，对各个驱动器进行加密，如图11-82所示。

Step 04 单击D盘后面的"启用BitLocker"链接，打开"正在启动BitLocker"对话框，

如图11-83所示。

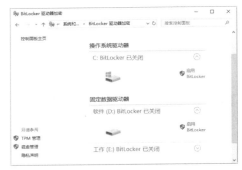

图 11-82　"BitLocker 驱动器加密"窗口

图 11-83　"正在启动 BitLocker"对话框

Step 05 启动BitLocker完成后，打开"选择希望解锁此驱动器的方式"对话框，勾选"使用密码解锁驱动器"复选框，按要求输入密码，如图11-84所示。

图 11-84　输入密码

Step 06 单击"下一步"按钮，打开"你希望如何备份恢复密钥？"对话框，可以选择保存到Microsoft账户、保存到文件和打印恢复密钥选项，这里选择保存到文件选

项，如图11-85所示。

图 11-85　"你希望如何备份恢复密钥？"对话框

Step 07 打开"将BitLocker恢复密钥另存为"对话框，本窗口将选择恢复密钥保存的位置，在文件名文本框中更改文件的名称，如图11-86所示。

图 11-86　更改文件名称

Step 08 单击"保存"按钮，关闭对话框，返回"你希望如何备份恢复密钥？"对话框，在对话框的下侧显示已保存恢复密钥的提示信息，如图11-87所示。

图 11-87　信息提示框

Step 09 单击"下一步"按钮，进入"选择要加密的驱动器空间大小"对话框，如图11-88所示。

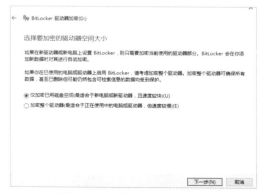

图 11-88　选择驱动器空间大小

Step 10 单击"下一步"按钮，选择要使用的加密模式，如图11-89所示。

图 11-89　选择要使用的加密模式

Step 11 单击"下一步"按钮，确认是否准备加密该驱动器，如图11-90所示。

图 11-90　确认是否准备加密该驱动器

Step 12 单击"开始加密"按钮，开始对可移动驱动器进行加密，加密的时间与驱动器的容量有关，加密过程不能中止，如图11-91所示。

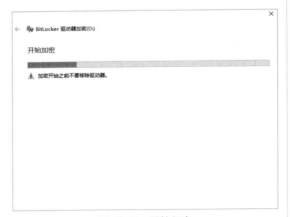

图 11-91　开始加密

Step 13 "开始加密"启动完成后，打开"BitLocker启动器加密"对话框，它将显示加密的进度，如图11-92所示。

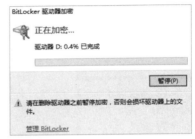

图 11-92　显示加密的进度

Step 14 单击"继续"按钮，可继续对驱动器进行加密，加密完成后，将打开信息提示框，提示用户已经加密完成。单击"关闭"按钮，完成D盘的加密，如图11-93所示。

图 11-93　加密完成

第12章　系统备份与还原工具

用户在使用计算机的过程中，会受到恶意软件的攻击，甚至还会不小心删除系统文件，都有可能导致系统崩溃或无法进入操作系统。这时用户就不得不重装系统，但是如果系统进行了备份，那么就可以直接将其还原，以节省时间。本章就来介绍计算机系统备份与还原工具的使用。

12.1　重装Windows 10操作系统

在安装有操作系统的计算机中，用户可以利用安装光盘重装系统，而无需考虑多系统的版本问题，只需将系统安装盘插入光驱，并设置从光驱启动，然后格式化系统盘后，就可以按照安装菜单重装系统。

12.1.1　什么情况下重装系统

具体来讲，当系统出现以下3种情况之一时，就必须考虑重装系统了。

1. 系统运行变慢

系统运行变慢的原因有很多，如垃圾文件分布于整个硬盘而又不便于集中清理和自动清理，或者是计算机感染了病毒或其他恶意程序而无法被杀毒软件清理等，这就需要对磁盘进行格式化处理并重装系统了。

2. 系统频繁出错

操作系统是由很多代码组成的，在操作过程中因为误删除某个文件或者是被恶意代码改写等原因，都可能致使系统出现错误。此时，如果该故障不便于准确定位或轻易解决，就需要考虑重装系统了。

3. 系统无法启动

导致系统无法启动的原因有多种，如DOS引导出现错误、目录表被损坏或系统文件ntfs.sys文件丢失等。如果无法查找出系统不能启动的原因或无法修复系统以解决这一问题时，就需要重装系统了。

12.1.2　重装前应注意的事项

在重装系统之前，用户需要做好充分的准备，以避免重装之后造成数据的丢失等严重后果。那么在重装系统之前应该注意哪些事项呢？

1. 备份数据

在因系统崩溃或出现故障而准备重装系统之前，首先应该想到的是备份好自己的数据。这时，一定要静下心来，仔细罗列一下硬盘中需要备份的资料，把它们一项一项地写在一张纸上，然后逐一对照进行备份。如果硬盘不能启动，这时需要考虑用其他启动盘启动系统，然后复制自己的数据，或将硬盘挂接到其他计算机上进行备份。但是，最好的办法是在平时就养成每天备份重要数据的习惯，这样就可以有效避免因硬盘数据不能恢复造成的损失。

2. 格式化磁盘

重装系统时，格式化磁盘是解决系统问题最有效的办法，尤其是在系统感染病毒后，最好不要只格式化C盘。如果有条件将硬盘中的数据都备份或转移，就尽量备份后将整个硬盘都格式化，以保证新系统的安全。

3. 牢记安装序列号

安装序列号相当于一个人的身份证号，标识着安装程序的身份，如果不小心丢掉自己的安装序列号，那么在重装系统时，如果采用的是全新安装，安装过程将无法进行下去。正规的安装光盘的序列号会标注在软件说明书或光盘封套的某个位置上。但是，如果用的是某些软件合集光盘中提供的测试版系统，那么，这些序列号可能是存在于安装目录中的某个说明文本中，如SN.txt等文件。因此，在重装系统之前，应首先将序列号找出并记录下来以备稍后使用。

12.1.3　重装Windows 10

Windows 10作为主流操作系统，备受关注，本节将介绍Windows 10操作系统的重装，具体的操作步骤如下。

Step 01 将Windows 10操作系统的安装光盘放入光驱中，重新启动计算机，这时会进入Windows 10操作系统安装程序的运行窗口，提示用户安装程序正在加载文件，如图12-1所示。

图12-1　系统运行窗口

Step 02 当文件加载完成后，进入程序启动Windows界面，如图12-2所示。

图12-2　程序启动界面

Step 03 进入程序运行界面，开始运行程序，运行程序完成，就会弹出安装程序正在启动页面，如图12-3所示。

图12-3　程序运行界面

Step 04 安装程序启动完成后，还需要选择需要安装系统的磁盘，如图12-4所示。

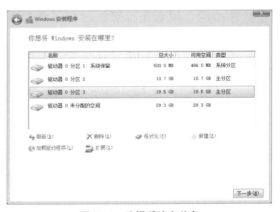

图12-4　选择系统安装盘

Step 05 单击"下一步"按钮，开始安装Windows 10系统并进入系统引导页面，如图12-5所示。

图 12-5　系统引导页面

Step 06 安装完成后，进入Windows 10操作系统主页面，系统安装完成，如图12-6所示。

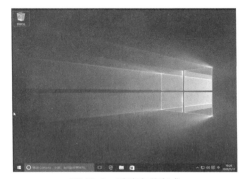

图 12-6　系统安装完成

12.2　系统备份工具的使用

常见备份系统的方法为使用系统自带的工具备份和Ghost工具备份。

12.2.1　使用系统工具备份系统

Windows 10操作系统自带的备份还原功能非常强大，它为用户提供了高速度、高压缩的一键备份还原功能。

1. 开启系统还原功能

要想使用Windows系统工具备份和还原系统，首选需要开启系统还原功能，具体的操作步骤如下。

Step 01 右击电脑桌面上的"此电脑"图标，在弹出的快捷菜单中选择"属性"选项，如图12-7所示。

Step 02 在打开的窗口中单击"系统保护"超链接，如图12-8所示。

图 12-7　"属性"选项

图 12-8　"系统"窗口

Step 03 打开"系统属性"对话框，在"保护设置"列表框中选择系统所在的分区，并单击"配置"按钮，如图12-9所示。

图 12-9　"系统属性"对话框

Step 04 打开"系统保护本地磁盘"对话框，单击选中"启用系统保护"单选按钮，单击鼠标调整"最大使用量"滑块到合适的位置，然后单击"确定"按钮，如图12-10所示。

图 12-10 "系统保护本地磁盘"对话框

2. 创建系统还原点

用户开启系统还原功能后，会默认打开保护系统文件和设置的相关信息，从而保护系统。用户也可以创建系统还原点，当系统出现问题时，就可以方便地恢复到创建还原点时的状态。

Step 01 在上面打开的"系统属性"对话框中，选择"系统保护"选项卡，然后选择系统所在的分区，单击"创建"按钮，如图12-11所示。

图 12-11 "系统保护"选项卡

Step 02 打开"创建还原点"对话框，在文本框中输入还原点的描述性信息，如图12-12所示。

图 12-12 "创建还原点"对话框

Step 03 单击"创建"按钮，开始创建还原点，如图12-13所示。

图 12-13 开始创建还原点

Step 04 创建还原点的时间比较短，稍等片刻就可以了。创建完毕后，将打开"已成功创建还原点"提示信息，单击"关闭"按钮即可，如图12-14所示。

图 12-14 创建还原点完成

12.2.2 使用系统映像备份系统

Windows 10操作系统为用户提供了系统镜像的备份功能，使用该功能用户可以备份整个操作系统，具体的操作步骤如下。

Step 01 在"控制面板"窗口中，单击"备份和还原（Windows）"超链接，如图12-15所示。

Step 02 打开"备份和还原"窗口，单击"创建系统映像"链接，如图12-16所示。

Step 03 打开"你想在何处保存备份？"对话框，这里有3种类型的保存位置，包括在硬盘上、在一张或多张DVD上和在网络位置上，本实例选中"在硬盘上"单选按钮，单击"下一步"按钮，如图12-17所示。

图 12-15　"控制面板"窗口

图 12-16　"备份和还原"窗口

图 12-17　选择备份保存位置

Step 04 打开"你要在备份中包括哪些驱动器？"对话框，这里采用默认的选项，单击"下一步"按钮，如图12-18所示。

图 12-18　选择驱动器

Step 05 打开"确认你的备份设置"对话框，单击"开始备份"按钮，如图12-19所示。

图 12-19　确认备份设置

Step 06 系统开始备份，完成后，单击"关闭"按钮即可，如图12-20所示。

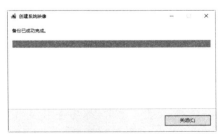

图 12-20　备份完成

12.2.3 使用Ghost工具备份系统

一键GHOST是一个图形安装工具，主要包括一键备份系统、一键恢复系统、中文向导、GHOST、DOS工具箱等功能。使用一键GHOST备份系统的操作步骤如下。

Step 01 下载并安装一键GHOST后，打开"一键备份系统"对话框，此时一键GHOST开始初始化。初始化完毕后，将自动选中"一键备份系统"单选项，单击"备份"按钮，如图12-21所示。

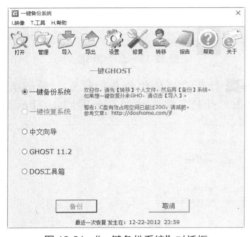

图 12-21 "一键备份系统"对话框

Step 02 打开"一键GHOST"提示框，单击"确定"按钮，如图12-22所示。

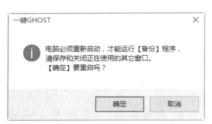

图 12-22 "一键 GHOST"提示框

Step 03 系统开始重新启动，并自动打开GRUB4DOS菜单，在其中选择第一个选项，表示启动一键GHOST，如图12-23所示。

Step 04 系统自动选择完毕后，接下来会弹出"MS-DOS一级菜单"界面，在其中选择第一个选项，表示在DOS安全模式下运行GHOST 11.2，如图12-24所示。

图 12-23 选择一键 GHOST 选项

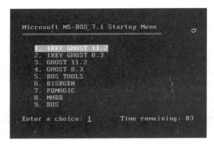

图 12-24 "MS-DOS 一级菜单"界面

Step 05 选择完毕后，接下来会弹出"MS-DOS二级菜单"界面，在其中选择第一个选项，表示支持IDE、SATA兼容模式，如图12-25所示。

图 12-25 "MS-DOS 二级菜单"界面

Step 06 选择完毕后将自动进入"一键备份系统"警告窗口，提示用户开始备份系统。单击"备份"按钮，如图12-26所示。

图 12-26 "一键备份系统"警告框

Step 07 此时，开始备份系统，如图6-27所示。

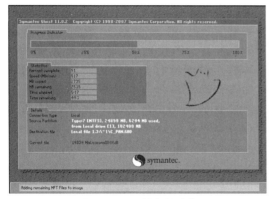

图 12-27 开始备份系统

12.3 系统还原工具的使用

系统备份完成后，一旦系统出现严重的故障，可还原系统到未出故障前的状态。

12.3.1 使用系统工具还原系统

在为系统创建好还原点之后，一旦系统遭到病毒或木马的攻击，致使系统不能正常运行，这时就可以将系统恢复到指定还原点。

下面介绍如何还原到创建的还原点，具体的操作步骤如下。

Step 01 选择"系统属性"对话框下的"系统保护"选项卡，然后单击"系统还原"按钮，如图12-28所示。

图 12-28 "系统保护"选项卡

Step 02 打开"还原系统文件和设置"对话框，单击"下一步"按钮，如图12-29所示。

图 12-29 "还原系统文件和设置"对话框

Step 03 打开"将计算机还原到所选事件之前的状态"对话框，选择合适的还原点，一般选择距离出现故障时间最近的还原点即可，单击"扫描受影响的程序"按钮，如图12-30所示。

图 12-30 选择还原点

Step 04 打开"正在扫描受影响的程序和驱动程序"对话框，如图12-31所示。

图 12-31 "系统还原"对话框

Step 05 稍等片刻，扫描完成后，将打开详细的被删除的程序和驱动信息，用户可以查看所选择的还原点是否正确，如果不正确可以返回重新操作，如图12-32所示。

图 12-32　查看还原点是否正确

Step 06 单击"关闭"按钮，返回"将计算机还原到所选事件之前的状态"对话框，确认还原点选择是否正确，如果还原点选择正确，则单击"下一步"按钮，打开"确认还原点"对话框，如果确认操作正确，则单击"完成"按钮，如图12-33所示。

图 12-33　"确认还原点"对话框

Step 07 打开提示框提示"启动后，系统还原不能中断，你希望继续吗？"，单击"是"按钮，如图12-34所示。计算机自动重启后，还原操作会自动进行，还原完成后再次自动重启计算机，登录到桌面后，将会打开系统还原提示框提示"系统还原已成功完成。"，单击"关闭"按钮，可完成将系统恢复到指定还原点的操作。

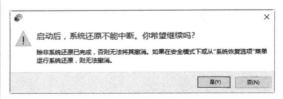

图 12-34　信息提示框

提示：如果还原后发现系统仍有问题，则可以选择其他的还原点进行还原。

12.3.2　使用系统映像还原系统

完成系统映像的备份后，如果系统出现问题，可以利用映象文件进行还原操作，具体的操作步骤如下。

Step 01 在桌面上右击"⊞"按钮，在弹出的快捷菜单中选择"设置"选项，打开"设置"窗口，选择"更新和安全"选项，如图12-35所示。

图 12-35　"设置"窗口

Step 02 打开"更新和安全"窗口，在左侧列表中选择"恢复"选项，在右侧窗口中单击"立即重启"按钮，如图12-36所示。

Step 03 打开"选择其他的还原方式"对话框，采用默认设置，直接单击"下一步"按钮，如图12-37所示。

图 12-36　"更新和安全"窗口

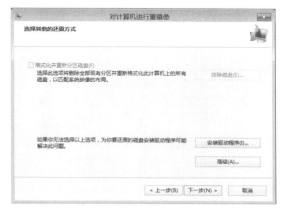

图 12-37　"选择其他的还原方式"对话框

Step 04 打开"你的计算机将从以下系统映像中还原"对话框，单击"完成"按钮，如图12-38所示。

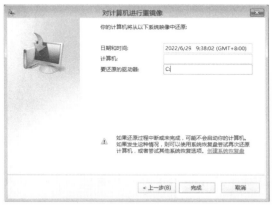

图 12-38　选择要还原的驱动器

Step 05 打开提示信息对话框，单击"是"按钮，如图12-39所示。

Step 06 系统映像的还原操作完成后，打开"是否要立即重新启动计算机？"对话

框，单击"立即重新启动"按钮即可，如图12-40所示。

图 12-39　信息提示框

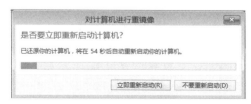

图 12-40　开始还原系统

12.3.3　使用Ghost工具还原系统

当系统分区中数据被损坏或系统遭受病毒和木马的攻击后，就可以利用Ghost的镜像还原功能将备份的系统分区进行完全的还原，从而恢复系统。

使用一键GHOST还原系统的操作步骤如下。

Step 01 在"一键GHOST"对话框中单击选中"一键恢复系统"单选项，单击"恢复"按钮，如图12-41所示。

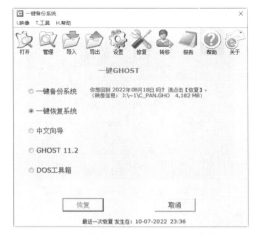

图 12-41　选中"一键恢复系统"单选项

Step 02 打开"一键GHOST"对话框，提示

用户计算机必须重新启动，才能运行"恢复"程序，单击"确定"按钮，如图12-42所示。

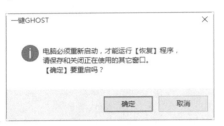

图 12-42 信息提示框

Step 03 系统开始重新启动，并自动打开GRUB4DOS菜单，在其中选择第一个选项，表示启动一键GHOST，如图12-43所示。

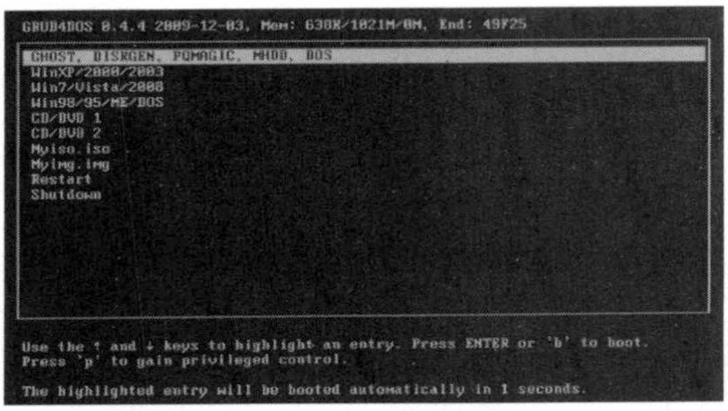

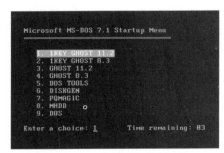

图 12-43 启动一键 GHOST

Step 04 选择完毕后，接下来会弹出"MS-DOS一级菜单"界面，在其中选择第一个选项，表示在DOS安全模式下运行GHOST 11.2，如图12-44所示。

图 12-44 "MS-DOS 一级菜单"界面

Step 05 选择完毕后，接下来会弹出"MS-DOS二级菜单"界面，在其中选择第一个选项，表示支持IDE、SATA兼容模式，如图12-45所示。

Step 06 选择完毕后自动进入"一键恢复系统"警告窗口，提示用户开始恢复系统。选择"恢复"按钮，可开始恢复系统，如图12-46所示。

图 12-45 "MS-DOS 二级菜单"界面

图 12-46 "一键恢复系统"警告框

Step 07 此时，开始恢复系统，如图12-47所示。

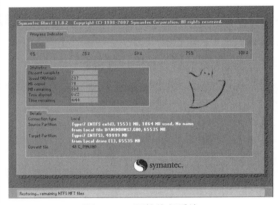

图 12-47 开始恢复系统

Step 08 在系统还原完毕后，将打开一个信息提示框，提示用户恢复成功，单击Reset Computer按钮重启计算机，然后选择从硬盘启动，可将系统恢复到以前的系统。至此，就完成了使用GHOST工具还原系统的操作，如图12-48所示。

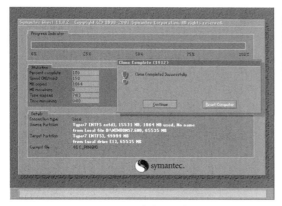

图 12-48　系统恢复成功

12.4　系统崩溃后的修复之重置

对于系统文件出现丢失或者文件异常的情况，可以通过重置的方法来修复系统。重置计算机可以在其出现问题时方便的将系统恢复到初始状态，而不需要重装系统。

12.4.1　在可开机情况下重置计算机

在可以正常开机并进入Windows 10操作系统后重置计算机的具体操作步骤如下。

Step 01 在桌面上右击"▦"按钮，在弹出的快捷菜单中选择"设置"选项，打开"设置"窗口，选择"更新和安全"选项，如图12-49所示。

图 12-49　"设置"窗口

Step 02 打开"更新和安全"窗口，在左侧列表中选择"恢复"选项，在右侧窗口中单击"立即重启"按钮，如图12-50所示。

图 12-50　"恢复"选项

Step 03 打开"选择一个选项"界面，单击选择"保留我的文件"选项，如图12-51所示。

图 12-51　"保留我的文件"选项

Step 04 打开"将会删除你的应用"界面，单击"下一步"按钮，如图12-52所示。

图 12-52　"将会删除你的应用"界面

Step 05 打开"警告！"界面，单击"下一步"按钮，如图12-53所示。

图 12-53　"警告"界面

Step 06 打开"准备就绪，可以重置这台电脑"界面，单击"重置"按钮，如图12-54所示。

图 12-54　准备就绪界面

Step 07 电脑重新启动，进入"重置"界面，如图12-55所示。

图 12-55　"重置"界面

Step 08 重置完成后会进入Windows 10安装界面，安装完成后自动进入Windows 10桌面，如图12-56所示。

图 12-56　Windows 10 安装界面

12.4.2　在不可开机情况下重置计算机

如果Windows 10操作系统出现错误，开机后无法进入系统，此时可以在不开机的情况下重置计算机，具体的操作步骤如下。

Step 01 在开机界面单击"更改默认值或选择其他选项"选项，如图12-57所示。

图 12-57　开机界面

Step 02 进入"选项"界面，单击"选择其他选项"选项，如图12-58所示。

图 12-58　"选项"界面

Step 03 进入"选择一个选项"界面，单击"疑难解答"选项，如图12-59所示。

图 12-59　"选择一个选项"界面

Step 04 在打开的"疑难解答"界面单击"重置此电脑"选项。其后的操作与在可开机的状态下重置计算机操作相同，这里不再赘述，如图12-60所示。

图 12-60 "疑难解答"界面

12.5 实战演练

12.5.1 实战1：一个命令就能修复系统

SFC命令是Windows操作系统中使用频率比较高的命令，主要作用是扫描所有受保护的系统文件并完成修复工作。使用sfc/scannow命令修复系统的操作步骤如下。

Step 01 右击"⊞"按钮，在弹出的快捷菜单中选择"命令提示符"选项，如图12-61所示。

图 12-61 开始快捷菜单命令

Step 02 打开"管理员:命令提示符"窗口，输入命令sfc/scannow，按Enter键确认，如图12-62所示。

图 12-62 输入命令

Step 03 开始自动扫描系统，并显示扫描的进度，如图12-63所示。

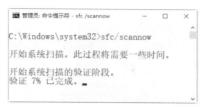

图 12-63 自动扫描系统

Step 04 在扫描的过程中，如果发现损坏的系统文件，会自动进行修复操作，并显示修复后的信息，如图12-64所示。

图 12-64 自动修复系统

12.5.2 实战2：开启计算机CPU最强性能

在Windows 10操作系统之中，通过设置引导项，可以开启计算机CPU最强性能，具体的操作步骤如下。

Step 01 按下WIN+R组合键，打开"运行"对话框，在"打开"文本框中输入msconfig命令，如图12-65所示。

图 12-65 "运行"对话框

Step 02 单击"确定"按钮，在打开的对话框中选择"引导"选项卡，如图12-66所示。

Step 03 单击"高级选项"按钮，打开"引导高级选项"对话框，勾选"处理器个数"

复选框，将处理器个数设置为最大值，本机最大值为4，如图12-67所示。

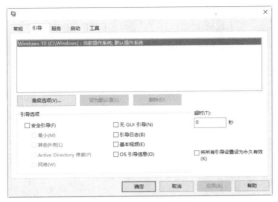

图 12-66 "引导"界面

Step 04 单击"确定"按钮，打开"系统配置"对话框，单击"重新启动"按钮，重启计算机系统，CUP就能达到最大性能了，这样电脑运行速度就会明显提高，如图12-68所示。

图 12-67 "引导高级选项"对话框

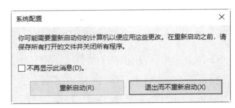

图 12-68 "系统配置"对话框

第13章　无线网络安全防护工具

无线网络以无线电波作为数据传输的媒介。就应用层面而言，与有线网络的用途完全相似，最大的不同是传输信息的媒介不同。本章就来介绍无线网络的安全防护，主要内容包括组建无线局域网、无线网络的安全防护策略、无线路由器的管理工具等。

13.1　组建无线网络

无线局域网络的搭建给家庭无线办公带来了很多便利，可以随意改变家庭里的办公位置而不受束缚，大大迎合了现代人的追求。

13.1.1　搭建无线网环境

建立无线局域网的操作比较简单，在有线网络到户后，用户只需连接一个具有无线Wi-Fi功能的路由器，然后各房间里的计算机、笔记本电脑、手机和iPad等设备就可以利用无线网卡与路由器建立无线链接，即构建了一个内部无线局域网。

13.1.2　配置无线局域网

建立无线局域网的第一步就是配置无线路由器，默认情况下，具有无线功能的路由器的无线功能是关闭的，需要用户手动配置，在开启了路由器的无线功能后，就可以配置无线网了。

使用计算机配置无线网的操作步骤如下。

Step 01 打开浏览器，在地址栏中输入路由器的网址，一般情况下路由器的默认网址为192.168.0.1，输入完毕后按Enter键即可打开路由器的登录窗口，如图13-1所示。

Step 02 在"请输入管理员密码"文本框中输入管理员的密码，默认情况下管理员的密码为admin，如图13-2所示。

图 13-1　路由器登录窗口

图 13-2　输入管理员的密码

Step 03 单击"确认"按钮，进入路由器的"运行状态"工作界面，在其中可以查看路由器的基本信息，如图13-3所示。

Step 04 选择窗口左侧的"无线设置"选项，在打开的子选项中选择"基本设置"选项，可在右侧的窗格中显示无线设置的基本功能，并勾选"开启无线功能"和"开启SSID广播"复选框，如图13-4所示。

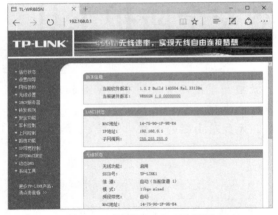

图 13-3 "运行状态"工作界面

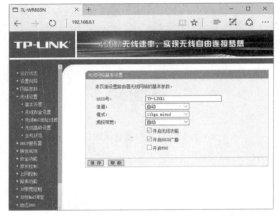

图 13-4 无线设置的基本功能

Step 05 当开启了路由器的无线功能后，单击"保存"按钮进行保存，然后重新启动路由器，可完成无线网的设置。这样具有Wi-Fi功能的手机、电脑、iPad等电子设备就可以与路由器进行无线连接，从而实现共享上网。

13.1.3 将计算机接入无线网

笔记本电脑具有无线接入功能，台式电脑要想接入无线网，需要购买相应的无线接收器，这里以笔记本电脑为例，介绍如何将其接入无线网，具体的操作步骤如下。

Step 01 双击笔记本电脑桌面右下角的无线连接图标，打开"网络和共享中心"窗口，在其中可以看到该电脑的网络连接状态，

如图13-5所示。

图 13-5 "网络和共享中心"窗口

Step 02 单击笔记本电脑桌面右下角的无线连接图标，在打开的界面中显示了电脑自动搜索到的无线设备和信号，如图13-6所示。

图 13-6 无线设备信息

Step 03 单击一个无线连接设备，展开无线连接功能，在其中勾选"自动连接"复选框，如图13-7所示。

Step 04 单击"连接"按钮，在打开的界面中输入无线连接设备的密码，如图13-8所示。

Step 05 单击"下一步"按钮，开始连接网络，如图13-9所示。

图 13-7　无线连接功能

图 13-8　输入密码

图 13-9　开始连接网络

Step 06 连接到网络之后，桌面右下角的无线连接设备显示正常，并以弧线的方式显示信号的强弱，如图13-10所示。

Step 07 再次打开"网络和共享中心"窗口，在其中可以看到该电脑当前的连接状态，如图13-11所示。

图 13-10　连接设备显示正常

图 13-11　当前的连接状态

13.1.4　将手机接入Wi-Fi

无线局域网配置完成后，用户可以将手机接入Wi-Fi，从而实现无线上网，手机接入的操作步骤如下。

Step 01 在手机界面中用手指点按"设置"图标，进入手机的"设置"界面，如图13-12所示。

图 13-12　手机"设置"界面

Step 02 使用手指点按WLAN右侧的"已关闭"，开启手机WLAN功能，并自动搜索周围可用的WLAN，如图13-13所示。

图 13-13　手机 WLAN 功能

Step 03 使用手指点按下面可用的WLAN，弹出连接界面，在其中输入相关密码，如图13-14所示。

图 13-14　输入密码

Step 04 点按"连接"按钮，将手机接入Wi-Fi，并在下方显示"已连接"字样，这样手机就接入了Wi-Fi，就可以使用手机进行上网了，如图13-15所示。

图 13-15　手机上网

13.2　无线网络的安全策略

无线网络不需要物理线缆，非常方便。但正因为无线需要靠无线信号进行信息传输，同时无线信号又管理不便，数据的安全性因此面临前所未有的挑战。于是，各种各样的无线加密算法应运而生。

13.2.1　设置管理员密码

路由器的初始密码比较简单，为了保证局域网的安全，一般需要修改或设置管理员密码，具体的操作步骤如下。

Step 01 打开路由器的Web后台设置界面，选择"系统工具"选项下的"修改登录密码"选项，打开"修改管理员密码"工作界面，如图13-16所示。

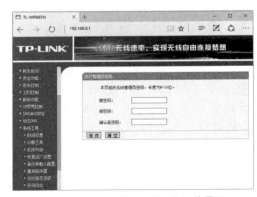

图 13-16　"修改管理员密码"工作界面

Step 02 在"原密码"文本框中输入原来的密码，在"新密码"和"确认新密码"文本框中输入新设置的密码，最后单击"保存"按钮即可，如图13-17所示。

图 13-17　输入密码

13.2.2　禁用SSID广播

SSID就是一个局域网的具体名称，无线客户端通过无线网络的SSID来区分不同的无线网路。为了安全期间，往往要求无线路由器禁止广播该SSID，只有知道该无线网络SSID的人员才可以进行无线网络连接，禁用SSID广播的具体操作步骤如下。

1. 设置无线路由器禁用SSID广播

无线路由器禁用SSID广播的具体操作步骤如下。

Step 01 打开路由器的Web后台设置界面，设置自己无线网络的SSID信息，取消勾选"允许SSID广播"复选框，单击"保存"按钮，如图13-18所示。

图 13-18　无线网络的 SSID 信息

Step 02 打开一个提示对话框，单击"确定"按钮，重新启动路由器，如图13-19所示。

图 13-19　信息提示框

2. 客户端连接

禁用SSID广播的无线客户端连接的具体操作步骤如下。

Step 01 单击系统桌面右下角的图标，会看到无线客户端自动扫描到区域内的所有无线信号，会发现其中没有SSID为ssh的无线网络，但是会出现一个名称为"其他网络"的信号，如图13-20所示。

图 13-20　所有无线信号

Step 02 右击"其他网络"，在弹出的快捷菜单中选择"连接"选项，如图13-21所示。

图 13-21　"连接"选项

Step 03 打开"连接到网络"对话框，在"名称"文本框中输入要连接网络的SSID号，本实例这里输入ssh，单击"确定"按钮，如图13-22所示。

图 13-22　输入网络的名称

Step 04 在"安全密钥"文本框中输入无线网络的密钥，本实例这里输入密钥"sushi1986"，单击"确定"按钮，如图13-23所示。

图 13-23　输入安全密钥

Step 05 单击系统桌面右下角的![](图标图标，将鼠标放在ssh信号上可以看到无线网络的连接情况，表明无线客户端已经成功连接无线路由器，如图13-24所示。

图 13-24　成功连接路由器

13.2.3　媒体访问控制（MAC）地址过滤

网络管理的主要任务之一就是控制客户端对网络的接入和对客户端的上网行为进行控制，无线网络也不例外，通常无线路由器利用媒体访问控制（MAC）地址过滤的方法来限制无线客户端的接入。

使用无线路由器进行MAC地址过滤的具体操作步骤如下。

Step 01 打开路由器的Web后台设置界面，单击左侧"无线设置"→"无线MAC地址过滤"选项，默认情况MAC地址过滤功能是关闭状态，单击"启用过滤"按钮，开启MAC地址过滤功能，单击"添加新条目"按钮，如图13-25所示。

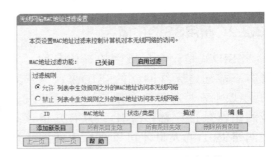

图 13-25　开启 MAC 地址过滤功能

Step 02 打开"MAC地址过滤"对话框，在"MAC地址"文本框中输入无线客户端的MAC地址，本实例输入MAC地址为00-0C-29-5A-3C-97，在"描述"文本框中输入MAC描述信息sushipc，在"类型"下拉菜单中选择"允许"选项，在"状态"下拉菜单中选择"生效"选项，依照此步骤将所有合法的无线客户端的MAC地址加入此MAC地址表后，单击"保存"按钮，如图13-26所示。

图 13-26　"MAC 地址过滤"对话框

Step 03 选中"过滤规则"选项下的"禁止"单选按钮，表明在下面MAC列表中生效规则之外的MAC地址可以访问无线网络，如图13-27所示。

图 13-27　"MAC 地址过滤"对话框

Step 04 这样无线客户端在访问无线路由器时，会发现除了MAC地址表中的MAC地址之外，其他的MAC地址无法再访问无线路由器，也就无法访问互联网。

13.2.4　通过修改Wi-Fi名称隐藏路由器

Wi-Fi的名称通常是指路由器当中SSID号的名称，该名称可以根据自己的需要进行修改，具体的操作步骤如下。

Step 01 打开路由器的Web后台设置界面，在其中选择"无线设置"选项下的"基本设置"选项，打开"无线网络基本设置"工作界面，如图13-28所示。

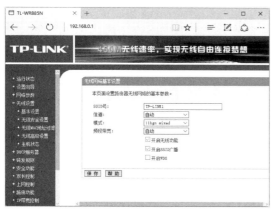

图 13-28　"无线网络基本设置"工作界面

Step 02 将SSID号的名称由TP-LINK1修改为wifi，最后单击"确定"按钮，保存Wi-Fi

修改后的名称，如图13-29所示。

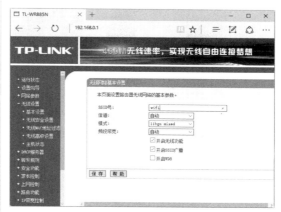

图 13-29　保存 Wi-Fi 修改后的名称

13.3　无线路由器的安全管理工具

使用无线路由管理工具可以方便管理无线网络中的上网设备，本节就来介绍两个无线路由安全管理工具，包括360路由器卫士与路由优化大师。

13.3.1　360路由器卫士

360路由器卫士是一款由360官方推出的绿色免费的家庭必备无线网络管理工具。360路由器卫士软件功能强大，支持几乎所有的路由器。在管理的过程中，一旦发现蹭网设备想踢就踢。下面介绍使用360路由器卫士管理网络的操作方法。

Step 01 下载并安装360路由器卫士，双击桌面上的快捷图标，打开"路由器卫士"工作界面，提示用户正在连接路由器，如图13-30所示。

Step 02 连接成功后，弹出"路由器卫士提醒您"对话框，在其中输入路由器账号与密码，如图13-31所示。

Step 03 单击"下一步"按钮，进入"我的路由"工作界面，在其中可以看到当前的在线设备，如图13-32所示。

图 13-30 "路由器卫士"工作界面

图 13-31 输入路由器账号与密码

图 13-32 "我的路由"工作界面

Step 04 如果想要对某个设备限速，则可以单击设备后的"限速"按钮，打开"限速"对话框，在其中可设置设备的上传速度与下载速度，设置完毕后单击"确认"按钮即可保存设置，如图13-33所示。

图 13-33 "限速"对话框

Step 05 在管理的过程中，一旦发现有蹭网设备，可以单击该设备后的"禁止上网"按钮，如图13-34所示。

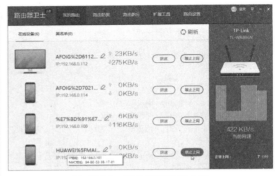

图 13-34 禁止不明设备上网

Step 06 禁止上网完后，单击"黑名单"选项卡，进入"黑名单"设置界面，在其中可以看到被禁止的上网设备，如图13-35所示。

图 13-35 "黑名单"设置界面

Step 07 选择"路由防黑"选项卡，进入"路由防黑"设置界面，在其中可以对路由器进行防黑检测，如图13-36所示。

图 13-36 "路由防黑"设置界面

Step 08 单击"立即检测"按钮，开始对路由器进行检测，并给出检测结果，如图13-37所示。

图 13-37　检测结果

Step 09 选择"路由跑分"选项卡，进入"路由跑分"设置界面，在其中可以查看当前路由器信息，如图13-38所示。

图 13-38　"路由跑分"设置界面

Step 10 单击"开始跑分"按钮，开始评估当前路由器的性能，如图13-39所示。

图 13-39　评估当前路由器的性能

Step 11 评估完成后，会在"路由跑分"界面中给出跑分排行榜信息，如图13-40所示。

图 13-40　跑分排行榜信息

Step 12 选择"路由设置"选项卡，进入"路由设置"界面，在其中可以对宽带上网、Wi-Fi密码、路由器密码等选项进行设置，如图13-41所示。

图 13-41　路由设置界面

Step 13 选择"路由时光机"选项，在打开的界面中单击"立即开启"按钮，可打开"时光机开启"设置界面，在其中输入360账号与密码，然后单击"立即登录并开启"按钮即可开启时光机，如图13-42所示。

图 13-42　"时光机开启"设置界面

Step 14 选择"宽带上网"选项，进入"宽带上网"界面，在其中输入网络运营商给出的上网账号与密码，单击"保存设置"按钮即可保存设置，如图13-43所示。

图 13-43 "宽带上网"界面

Step 15 选择"Wi-Fi密码"选项，进入"Wi-Fi密码"界面，在其中输入Wi-Fi密码，单击"保存设置"按钮即可保存设置，如图13-44所示。

图 13-44 "Wi-Fi 密码"界面

Step 16 选择"路由器密码"选项，进入"路由器密码"界面，在其中输入路由器密码，单击"保存设置"按钮即可保存设置，如图13-45所示。

图 13-45 "路由器密码"界面

Step 17 选择"重启路由器"选项，进入"重启路由器"界面，单击"重启"按钮，可对当前路由器进行重启操作，如图13-46所示。

图 13-46 "重启路由器"界面

另外，使用360路由器卫士在管理无线网络安全的过程中，一旦检测到有设备通过路由器上网，就会在电脑桌面的右上角弹出信息提示框，如图13-47所示。

图 13-47 信息提示框

单击"管理"按钮，可打开该设备的详细信息界面，在其中可以对网速进行限制管理，最后单击"确认"按钮即可，如图13-48所示。

图 13-48 详细信息界面

13.3.2 路由优化大师

路由优化大师是一款专业的路由器设置软件，其主要功能有一键设置优化路由、屏广告、防蹭网、路由器全面检测及高级设置等，从而保护路由器安全。

使用路由优化大师管理无线网络安全的操作步骤如下。

Step 01 下载并安装路由优化大师，双击桌面上的快捷图标，打开"路由优化大师"的工作界面，如图13-49所示。

图 13-49 "路由优化大师"工作界面

Step 02 单击"登录"按钮，打开RMTools窗口，在其中输入管理员密码，如图13-50所示。

图 13-50 输入管理员密码

Step 03 单击"确定"按钮，进入路由器工作界面，在其中可以看到主人网络和访客网络信息，如图13-51所示。

Step 04 单击"设备管理"图标，进入"设备管理"工作界面，在其中可以看到当前无线网络中的连接设备，如图13-52所示。

Step 05 如果想要对某个设备进行管理，则可以单击"管理"按钮，进入该设备的管理界面，在其中可以设置设备的上传速度、下载速度以及上网时间等信息，如图13-53所示。

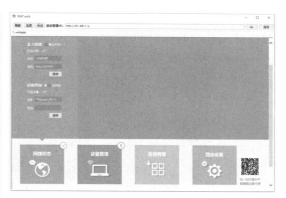

图 13-51 路由器工作界面

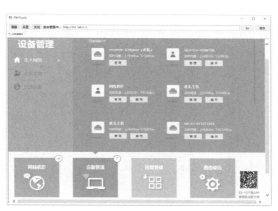

图 13-52 "设备管理"界面

图 13-53 联网设备管理界面

Step 06 单击"添加允许上网时间段"超链接，打开上网时间段的设置界面，在其中可以设置时间段描述信息、开始时间、结束时间等，如图13-54所示。

图 13-54 上网时间段的设置界面

Step 07 单击"确定"按钮，完成上网时间段的设置操作，如图13-55所示。

图13-55　上网时间段的设置

Step 08 单击"应用管理"图标，进入应用管理工作界面，在其中可以看到路由优化大师为用户提供的应用程序，如图13-56所示。

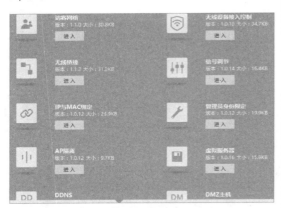

图13-56　应用管理工作界面

Step 09 如果想要使用某个应用程序，可以单击某应用程序下的"进入"按钮，进入该应用程序的设置界面，如图13-57所示。

图13-57　应用程序设置界面

Step 10 单击"路由设置"图标，在打开的界面中可以查看当前路由器的设置信息，如图13-58所示。

图13-58　路由器的设置信息

Step 11 选择左侧的"上网设置"选项，在打开的界面中可以对当前的上网信息进行设置，如图13-59所示。

图13-59　上网设置界面

Step 12 选择"无线设置"选项，在打开的界面中可以对路由的无线功能、名称、密码等信息进行设置，如图13-60所示。

图13-60　无线设置界面

Step 13 选择"LAN口设置"选项，在打开的界面中可以对路由的LAN口进行设置，如图13-61所示。

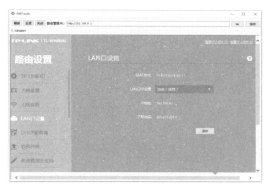

图 13-61　LAN 口设置界面

Step 14 选择"DHCP服务器"选项，在打开的界面中可以对路由的DHCP服务器进行设置，如图13-62所示。

图 13-62　DHCP 服务器界面

Step 15 选择"软件升级"选项，在打开的界面中可以对路由优化大师的版本进行升级操作，如图13-63所示。

图 13-63　软件升级设置界面

Step 16 选择"修改管理员密码"选项，在打开的界面中可以对管理员密码进行修改，如图13-64所示。

图 13-64　修改管理员密码

Step 17 选择"备份和载入配置"选项，在打开的界面中可以对当前路由器的配置进行备份和载入设置，如图13-65所示。

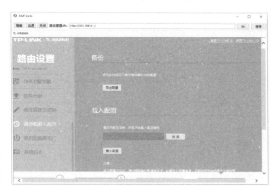

图 13-65　备份和载入配置界面

Step 18 选择"重启和恢复出厂"选项，在打开的界面中可以对当前路由器进行重启和恢复出厂设置，如图13-66所示。

图 13-66　重启和恢复出厂设置

Step 19 选择"系统日志"选项，在打开的界面中可以查看当前路由器的系统日志信息，如图13-67所示。

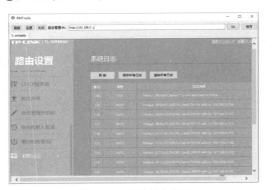

图 13-67　系统日志界面

Step 20 路由器设备设置完毕后，返回路由优化大师的工作界面，选择"防蹭网"选项，在打开的界面中可以设置进行防蹭网设置，如图13-68所示。

图 13-68　防蹭网设置界面

Step 21 选择"屏广告"选项，在打开的界面中可以设置过滤广告功能是否开启，如图13-69所示。

图 13-69　屏广告界面

Step 22 单击"开启广告过滤"按钮，可开启视频过滤广告功能，如图13-70所示。

图 13-70　开启广告过滤功能

Step 23 单击"立即清理"按钮，可清理广告信息，如图13-71所示。

图 13-71　清理广告信息

Step 24 选择"测网速"选项，进入网速测试设置界面，如图13-72所示。

图 13-72　测网速

Step 25 单击"开始测速"按钮，可对当前网络进行测速操作，测试结果会显示在工作界面中，如图13-73所示。

图 13-73　检测当前网络速度

13.4　实战演练

13.4.1　实战1：控制无线网中设备的上网速度

在无线局域网中所有的终端设备都是通过路由器上网的，为了更好地管理各个终端设备的上网情况，管理员可以通过路由器控制上网设备的上网速度，具体的操作步骤如下。

Step 01 打开路由器的Web后台设置界面，在其中选择"IP宽带控制"选项，在右侧的窗格中可以查看相关的功能信息，如图13-74所示。

图 13-74　Web 后台设置界面

Step 02 勾选"开启IP宽带控制"复选框，可在下方的设置区域中对设备的上行总宽带

和下行总宽带数进行设置，进而控制终端设置的上网速度，如图13-75所示。

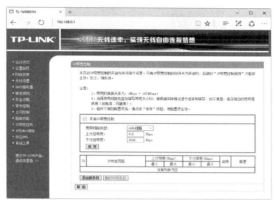

图 13-75　控制终端设置的上网速度

13.4.2　实战2：诊断和修复网络不通的问题

当自己的计算机不能上网时，说明其与网络连接不通，这时就需要诊断和修复网络了，具体的操作步骤如下。

Step 01 打开"网络连接"窗口，右击需要诊断的网络图标，在弹出的快捷菜单中选择"诊断"选项，打开"Windows网络诊断"窗口，并显示网络诊断的进度，如图13-76所示。

图 13-76　显示网络诊断的进度

Step 02 诊断完成后，将会在下方的窗格中显示诊断的结果，如图13-77所示。

Step 03 单击"尝试以管理员身份进行这些修复"连接，开始对诊断出来的问题进行修复，如图13-78所示。

图 13-77　显示诊断的结果

图 13-78　修复网络问题

Step 04 修复完毕后，会给出修复的结果，提示用户疑难解答已经完成，并在下方显示已修复信息提示，如图13-79所示。

图 13-79　显示已修复信息